MATHEMATIK

Grundwissen für den Beruf

mit Tests

Horst Wippermann
Dr. Claus D. Soika

Cornelsen

Inhaltsverzeichnis

Ganze Zahlen

Zur Kontrolle: Kreuze jeweils den Buchstaben unter dem richtigen Ergebnis an.

1 $2\,653 + 114 + 169$

2 926	2 936	3 826	3 926
A	B	C	D

2 $8\,951 - 251 - 201$

8 599	8 509	8 499	8 409
A	B	C	D

3 $7 \cdot 219$

1 532	1 533	1 643	1 633
A	B	C	D

4 $308 \cdot 205$

63 140	62 140	7 790	6 341
A	B	C	D

5 $2\,695 : 49$

555	550	505	55
A	B	C	D

6 $990\,660 : 33$

30 020	3 020	3 002	302
A	B	C	D

7 $84 - 4 \cdot 3$

240	72	70	62
A	B	C	D

8 $36 - 12 : 3$

6	8	32	33
A	B	C	D

9 $-28 + 52$

80	24	−24	−80
A	B	C	D

10 $-43 + 18$

−61	−25	25	61
A	B	C	D

11 $-29 - 19$

−48	−10	10	48
A	B	C	D

12 $-6 - (+40) + (-3)$

−49	−37	37	49
A	B	C	D

13 $8 - (-20) + (+3)$

−25	−15	25	31
A	B	C	D

14 $-9 \cdot (+8)$

72	1	−1	−72
A	B	C	D

15 $-7 \cdot (-12)$

84	5	−19	−84
A	B	C	D

16 $3^4 + 9$

19	21	80	90
A	B	C	D

Die Lösungen findest du auf der Seite 160.

Addieren und subtrahieren

Zur Kontrolle: Unten auf der Seite findest du alle Lösungen. Vergleiche.

Addiere die 2. Zahl und die 3. Zahl zu der 1. Zahl.

1

1. Zahl	23	365	119	812	2 224	35
2. Zahl	1 156	268	1 034	280	2 892	271
3. Zahl	3 451	2 261	5 182	4 002	282	1 919
Summe						

2

1. Zahl	35	3 318	51	1 931	450	624
2. Zahl	2 792	54	92	99	4 500	728
3. Zahl	279	160	2 892	89	17	1 666
Summe						

Subtrahiere die 2. Zahl und die 3. Zahl von der 1. Zahl.

3

1. Zahl	3 389	2 678	7 201	5 000	3 548	9 245
2. Zahl	29	1 612	5 390	17	288	8 100
3. Zahl	2 439	47	259	1 610	2 500	461
Differenz						

4

1. Zahl	6 278	3 634	6 002	5 050	4 890	7 117
2. Zahl	276	62	602	3 144	78	251
3. Zahl	13	1 569	355	26	3 926	681
Differenz						

684	760	886	921	1 019	1 552	1 880	2 003
2 119	2 225	2 894	3 018	3 035	3 106	3 373	3 532
4 630	4 967	5 045	5 094	5 398	5 989	6 185	6 335

Addieren und subtrahieren

Zur Kontrolle: Unten auf der Seite findest du alle Lösungen. Vergleiche.

1 3 556 + 1 912 =

2 4 435 – 1 091 =

3 5 001 + 1 919 =

4 6 812 – 4 109 =

5 6 019 + 1 267 =

6 8 145 – 2 206 =

7 4 416 + 1 177 =

8 5 001 – 2 016 =

9 6 121 + 1 105 =

10 7 111 – 2 888 =

11 1 724 + 2 661 =

12 6 200 – 2 189 =

13 2 265 + 338 + 992 =

14 7 000 – 612 – 153 =

15 15 + 444 + 5 355 =

16 4 890 – 26 – 2 126 =

17 3 131 + 2 009 + 25 =

18 7 112 – 893 – 921 =

19 324 + 2 262 + 250 =

20 3 000 – 1 616 – 64 =

21 467 + 131 + 3 200 =

22 5 012 – 68 – 1 289 =

23 1 300 + 1 389 + 38 =

24 8 123 – 5 555 – 36 =

1 320	2 532	2 703	2 727	2 738	2 836	2 985	3 344
3 595	3 655	3 798	4 011	4 223	4 385	5 165	5 298
5 468	5 593	5 814	5 939	6 235	6 920	7 226	7 286

Multiplizieren

Zur Kontrolle: Unten auf der Seite findest du alle Lösungen. Vergleiche.

1 $24 \cdot 101 =$ ____

2 $242 \cdot 15 =$ ____

3 $4 \cdot 1\,005 =$ ____

4 $116 \cdot 21 =$ ____

5 $25 \cdot 201 =$ ____

6 $297 \cdot 16 =$ ____

7 $8 \cdot 1\,205 =$ ____

8 $3 \cdot 2\,120 =$ ____

9 $2\,560 \cdot 3 =$ ____

10 $11 \cdot 250 =$ ____

11 $8 \cdot 1\,051 =$ ____

12 $21 \cdot 405 =$ ____

13 $288 \cdot 24 =$ ____

14 $3 \cdot 1\,512 =$ ____

15 $20 \cdot 101 =$ ____

16 $1\,199 \cdot 5 =$ ____

17 $7 \cdot 1\,200 =$ ____

18 $234 \cdot 34 =$ ____

19 $3 \cdot 2\,091 =$ ____

20 $22 \cdot 404 =$ ____

21 $6 \cdot 1\,192 =$ ____

22 $1\,456 \cdot 5 =$ ____

23 $15 \cdot 155 =$ ____

24 $288 \cdot 7 =$ ____

2 016	2 020	2 325	2 424	2 436	2 750	3 630	4 020
4 536	4 752	5 025	5 995	6 273	6 360	6 912	7 152
7 280	7 680	7 956	8 400	8 408	8 505	8 888	9 640

Multiplizieren

Zur Kontrolle: Unten auf der Seite findest du alle Lösungen. Vergleiche.

Multipliziere die Zahlen miteinander.

1

·	29	17	60
23			
101			
45			

2

·	13	123	40
11			
33			
50			

3

·	35	70	99
34			
47			
13			

4

·	112	34	45
15			
22			
30			

5

·	25	130	55
31			
69			
17			

6

·	36	68	19
41			
12			
29			

7

·	17	52	62
51			
46			
17			

8

·	18	55	37
13			
27			
108			

143	228	234	289	391	425	429	432	440
455	481	486	510	551	650	667	675	715
748	765	775	779	782	816	867	884	910
935	990	999	1 020	1 044	1 054	1 190	1 287	1 305
1 320	1 350	1 353	1 380	1 476	1 485	1 645	1 680	1 705
1 717	1 725	1 944	1 972	2 000	2 210	2 380	2 392	2 464
2 652	2 700	2 788	2 852	2 929	3 162	3 290	3 360	3 366
3 795	3 996	4 030	4 059	4 653	5 940	6 060	6 150	8 970

Dividieren

Zur Kontrolle: Unten auf der Seite findest du alle Lösungen. Vergleiche.

1 300 : 12 =

2 600 : 20 =

3 418 : 19 =

4 909 : 9 =

5 900 : 6 =

6 847 : 11 =

7 861 : 3 =

8 650 : 25 =

9 492 : 4 =

10 990 : 9 =

11 667 : 29 =

12 864 : 4 =

13 2 220 : 20 =

14 2 436 : 12 =

15 2 265 : 15 =

16 2 736 : 19 =

17 4 200 : 21 =

18 5 240 : 40 =

19 2 530 : 11 =

20 6 220 : 20 =

21 8 400 : 30 =

22 7 000 : 50 =

23 6 279 : 39 =

24 4 884 : 22 =

22	23	25	26	30	77	101	110
111	123	131	140	144	150	151	161
200	203	216	222	230	280	287	311

Dividieren

45
–7

Trage die Lösungen in die Felder des Kreuzzahlrätsels ein.
Beachte: In jedes Feld darf nur eine Ziffer eingetragen werden.

1		2		3		4
		5				
6	7			8	9	
10		11		12		13
		14				
15				16		

Waagerecht

1 1 000 : 8 =
3 4 536 : 9 =
5 3 549 : 7 =
6 1 332 : 6 =
8 3 048 : 8 =
10 1 962 : 6 =
12 1 785 : 7 =
14 6 300 : 9 =
15 1 485 : 5 =
16 3 648 : 8 =

Senkrecht

1 1 562 : 11 =
2 11 040 : 20 =
3 8 595 : 15 =
4 8 379 : 19 =
7 8 160 : 30 =
9 35 400 : 40 =
10 3 744 : 12 =
11 19 425 : 25 =
12 2 652 : 13 =
13 11 886 : 21 =

45
−7

Punktrechnung vor Strichrechnung

1. Berechne zuerst das Produkt: $7 + \underbrace{6 \cdot 8} =$

2. Fasse zusammen: $7 + 48 = 55$

Trage die Lösungen in die Felder des Kreuzzahlrätsels ein.
Beachte: In jedes Feld darf nur eine Ziffer eingetragen werden.

1

Waagerecht

1 $625 + 12 \cdot 8 =$

3 $368 - 66 \cdot 5 =$

4 $71 \cdot 8 - 483 =$

5 $776 - 67 \cdot 7 =$

	1		2
3			
		4	
5			

Senkrecht

1 $29 \cdot 7 - 125 =$

2 $862 - 83 \cdot 9 =$

3 $469 - 17 \cdot 8 =$

4 $79 \cdot 5 - 308 =$

2

Waagerecht

1 $220 + 6 \cdot 13 =$

3 $635 - 77 \cdot 8 =$

5 $5 \cdot 88 - 341 =$

7 $15 \cdot 9 + 617 =$

1		2	
		3	4
5	6		
	7		

Senkrecht

1 $7 \cdot 11 + 222 =$

2 $342 - 87 \cdot 3 =$

4 $17 \cdot 8 + 776 =$

6 $7 \cdot 69 - 386 =$

3

Waagerecht

1 $126 : 7 + 789 =$

3 $285 : 19 + 84 =$

4 $166 - 891 : 9 =$

5 $714 + 152 : 8 =$

	1		2
3			
		4	
5			

Senkrecht

1 $169 : 13 + 76 =$

2 $854 - 462 : 6 =$

3 $123 : 3 + 876 =$

4 $132 : 12 + 52 =$

4

Waagerecht

1 $4 \cdot 90 + 6 \cdot 53 =$

3 $6 \cdot 22 - 11 \cdot 11 =$

5 $26 \cdot 6 - 10 \cdot 14 =$

7 $8 \cdot 50 + 12 \cdot 17 =$

1		2	
		3	4
5	6		
	7		

Senkrecht

1 $4 \cdot 30 + 9 \cdot 59 =$

2 $50 \cdot 3 - 3 \cdot 23 =$

4 $8 \cdot 9 + 2 \cdot 16 =$

6 $9 \cdot 20 - 3 \cdot 38 =$

Punktrechnung vor Strichrechnung

1. Berechne zuerst das Produkt: $22 - \underbrace{3 \cdot 5} =$ ☐

2. Fasse zusammen: $22 - 15 = 7$

Zur Kontrolle: Unten auf der Seite findest du alle Lösungen. Vergleiche.

1. $3 \cdot 12 + 11 =$
2. $111 + 8 \cdot 6 =$
3. $200 - 9 \cdot 8 =$
4. $48 + 9 \cdot 12 =$
5. $9 \cdot 18 - 114 =$
6. $171 + 23 \cdot 7 =$
7. $4 \cdot 6 + 4 \cdot 50 =$
8. $2 \cdot 41 - 8 \cdot 3 =$
9. $16 \cdot 20 + 3 \cdot 3 =$
10. $8 + 8 \cdot 12 - 11 =$
11. $21 + 8 \cdot 20 - 37 =$
12. $18 + 18 \cdot 9 - 25 =$
13. $222 - 96 : 3 =$
14. $95 : 5 + 101 =$
15. $150 + 49 : 7 =$
16. $60 : 4 + 180 =$
17. $98 - 9 : 3 =$
18. $84 : 4 - 9 =$
19. $33 \cdot 2 + 32 : 8 =$
20. $56 : 7 + 37 \cdot 3 =$
21. $28 \cdot 5 - 56 : 4 =$
22. $13 + 85 : 5 + 59 =$
23. $61 - 60 : 4 - 6 =$
24. $37 + 87 : 3 - 20 =$

12	40	46	47	48	58	70	89
93	95	119	120	126	128	144	155
156	157	159	190	195	224	329	332

Ganze Zahlen addieren und subtrahieren

$-4 + 7 = +3$

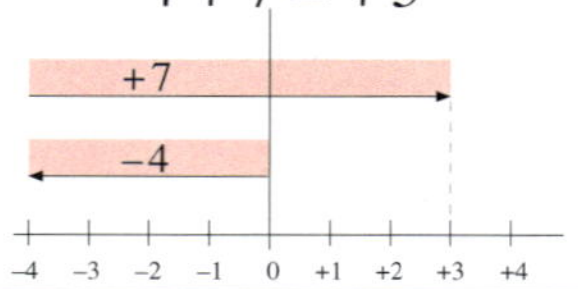

$+4 - 6 = -2$

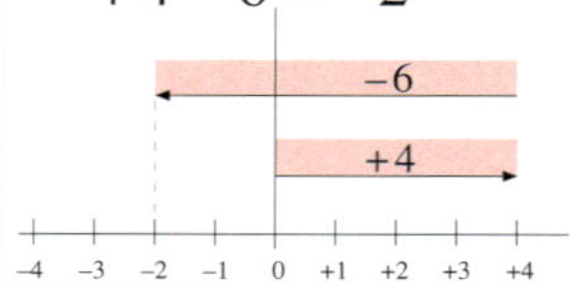

$-1 - 3 = -4$

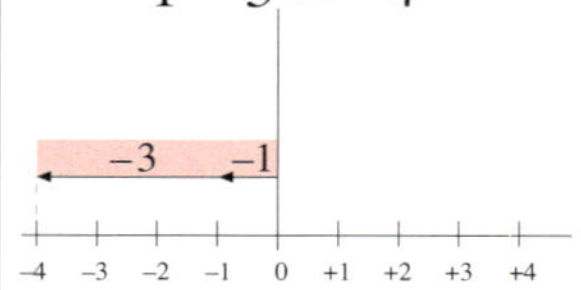

$-4 + 3 = -1$

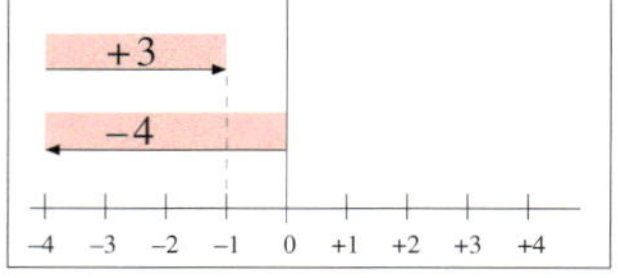

1. $79 - 90 =$ ____
2. $-56 + 82 =$ ____
3. $-18 - 52 =$ ____
4. $34 - 71 =$ ____
5. $-28 + 74 =$ ____
6. $-25 - 35 =$ ____
7. $67 - 88 =$ ____
8. $-11 + 59 =$ ____
9. $55 - 72 =$ ____
10. $-42 + 59 =$ ____
11. $-32 + 66 =$ ____
12. $-58 - 13 =$ ____
13. $54 - 26 - 83 =$ ____
14. $-26 - 16 + 55 =$ ____
15. $40 + 45 - 55 =$ ____
16. $-51 - 36 + 12 =$ ____
17. $24 - 53 - 19 =$ ____
18. $19 - 65 + 28 =$ ____
19. $17 + 45 - 85 =$ ____
20. $-34 - 27 + 99 =$ ____
21. $-15 + 63 - 26 =$ ____
22. $22 - 56 + 14 =$ ____
23. $48 - 24 - 66 =$ ____
24. $-13 + 53 - 16 =$ ____

−75	−71	−70	−60	−55	−48	−42	−37
−23	−21	−20	−18	−17	−11	13	17
22	24	26	30	34	38	46	48

Ganze Zahlen addieren und subtrahieren

Zur Kontrolle: Unten auf der Seite findest du alle Lösungen. Vergleiche.

1

26	−	72	+	68	=	
−		−		−		−
61	−	83	+	55	=	
+		+		−		+
27	−	60	−	28	=	
=		=		=		=
	−		+		=	

4

20	−	65	+	28	=	
+		+		−		+
62	−	89	−	69	=	
+		+		+		+
30	−	88	+	38	=	
=		=		=		=
	−		+		=	

2

25	+	49	+	13	=	
+		−		−		+
22	−	50	−	32	=	
−		−		−		−
32	+	15	+	11	=	
=		=		=		=
	+		+		=	

5

15	+	50	−	25	=	
+		−		+		+
33	−	13	−	29	=	
+		−		+		+
14	−	61	−	32	=	
=		=		=		=
	+		−		=	

3

28	+	83	−	12	=	
−		−		−		−
44	+	90	−	17	=	
+		+		+		+
11	+	23	−	16	=	
=		=		=		=
	+		−		=	

6

62	−	33	+	51	=	
+		+		−		+
28	−	17	−	80	=	
−		−		−		−
13	−	14	+	45	=	
=		=		=		=
	−		+		=	

−133	−96	−79	−74	−72	−69	−61
−60	−48	−33	−31	−30	−24	−20
−17	−16	−15	−9	−8	−5	−3
0	11	15	16	18	22	33
36	40	44	49	58	62	77
80	86	87	99	112	117	242

Ganze Zahlen addieren und subtrahieren

45
−7

5 + (+3) = ☐ **5 − (−3) =** ☐

zwei gleiche Zeichen
Klammern weglassen und addieren

5 + 3 = 8 **5 + 3 = 8**

5 − (+3) = ☐ **5 + (−3) =** ☐

zwei ungleiche Zeichen
Klammern weglassen und subtrahieren

5 − 3 = 2 **5 − 3 = 2**

---

1. 163 + (+32) =
2. 111 + (−35) =
3. 189 − (+43) =
4. 120 − (−17) =
5. 57 − (−125) =
6. 34 + (−60) =
7. −28 − (−45) =
8. −72 − (+19) =
9. −16 − (−49) =
10. 45 + (−72) =
11. −12 − (−42) + (+73) =
12. 90 + (−69) − (−20) =
13. 81 − (+19) − (+40) =
14. 95 − (−26) + (+60) =
15. 16 + (−72) − (+22) =
16. −60 − (−26) − (−18) =
17. 98 + (−42) + (−11) =
18. −14 − (−30) − (+68) =
19. −21 + (−25) + (+90) =
20. −40 − (−16) − (−18) =

−91	−78	−52	−27	−26	−16	−6	17	22	33
41	44	45	76	103	137	146	181	182	195

Ganze Zahlen addieren und subtrahieren

45 −7

Zur Kontrolle: Unten auf der Seite findest du allen Lösungen. Vergleiche.

1

45	+	(−49)	=	
+		+		+
(+91)	+	(−55)	=	
=		=		=
	+		=	

5

77	+	(−55)	=	
+		−		+
(+32)	−	(−37)	=	
=		=		=
	+		=	

2

33	−	(−28)	=	
−		−		−
(+47)	−	(−16)	=	
=		=		=
	−		=	

6

62	−	(−44)	=	
+		+		+
(+90)	−	(−32)	=	
=		=		=
	−		=	

3

−34	−	(−45)	=	
+		+		+
(+69)	−	(−16)	=	
=		=		=
	−		=	

7

−28	+	(−29)	=	
+		−		+
(−38)	−	(−50)	=	
=		=		=
	+		=	

4

−39	+	(−28)	=	
−		−		−
(−36)	+	(+89)	=	
=		=		=
	+		=	

8

−51	+	(+26)	=	
−		−		−
(−13)	+	(−82)	=	
=		=		=
	+		=	

−120	−117	−104	−95	−76	−67	−66	−61
−57	−45	−38	−25	−18	−14	−12	−4
−3	−2	11	12	21	22	32	35
36	53	61	63	69	70	85	91
96	106	108	109	122	136	152	228

45
−7

Ganze Zahlen multiplizieren und dividieren

$+5 \cdot (+3) =$ ☐	$-5 \cdot (-3) =$ ☐	$+5 \cdot (-3) =$ ☐	$-5 \cdot (+3) =$ ☐
positive Zahl mal positive Zahl	negative Zahl mal negative Zahl	positive Zahl mal negative Zahl	negative Zahl mal positive Zahl

zwei gleiche Vorzeichen
Ergebnis der Aufgabe ist positiv

zwei ungleiche Vorzeichen
Ergebnis der Aufgabe ist negativ

$+5 \cdot (+3) = +15$	$-5 \cdot (-3) = +15$	$+5 \cdot (-3) = -15$	$-5 \cdot (+3) = -15$

1. $+12 \cdot (-24) =$ ☐
2. $-15 \cdot (-14) =$ ☐
3. $-20 \cdot (-15) =$ ☐
4. $-19 \cdot (+30) =$ ☐
5. $+34 \cdot (+17) =$ ☐
6. $+33 \cdot (-14) =$ ☐
7. $-11 \cdot (-58) =$ ☐
8. $+17 \cdot (-27) =$ ☐
9. $-23 \cdot (-23) =$ ☐
10. $+26 \cdot (-16) =$ ☐
11. $-630 : (-42) =$ ☐
12. $+209 : (+11) =$ ☐
13. $-484 : (-22) =$ ☐
14. $+408 : (-24) =$ ☐
15. $+960 : (-40) =$ ☐
16. $-680 : (+34) =$ ☐
17. $-792 : (-44) =$ ☐
18. $+396 : (-12) =$ ☐
19. $+238 : (+14) =$ ☐
20. $-896 : (-32) =$ ☐

−570	−462	−459	−416	−288	−33	−24	−20	−17	15
17	18	19	22	28	210	300	529	578	638

Ganze Zahlen multiplizieren und dividieren

45
−7

Multipliziere jede der drei untereinander stehenden Zahlen mit der oben stehenden Zahl.

1

·	(−34)
7	
−9	
8	

2

·	(+19)
18	
−28	
−52	

3

·	(−12)
49	
−56	
33	

4

·	(+12)
−30	
76	
17	

5

·	(−45)
24	
−22	
17	

6

·	(+26)
−45	
50	
−35	

Dividiere jede der drei untereinander stehenden Zahlen durch die oben stehende Zahl.

7

:	(+21)
−357	
924	
−567	

8

:	(−25)
975	
−400	
−600	

9

:	(+19)
−437	
798	
−950	

10

:	(−30)
−660	
720	
−330	

11

:	(+29)
812	
−377	
377	

12

:	(−40)
−680	
1 120	
−840	

−1 170	−1 080	−988	−910	−765	−588	−532	−396	−360
−272	−238	−50	−39	−28	−27	−24	−23	−17
−13	11	13	16	17	21	22	24	28
42	44	204	306	342	672	912	990	1 300

Mit Potenzen rechnen

$2^3 = 2 \cdot 2 \cdot 2 = 8$ $6^2 = 6 \cdot 6 = 36$

Zur Kontrolle: Unten auf der Seite findest du alle Lösungen. Vergleiche.

1 $2^5 =$

2 $5^2 =$

3 $3^4 =$

4 $5^4 =$

5 $2^9 =$

6 $7^3 =$

7 $5^5 =$

8 $2^{10} =$

9 $10^2 =$

10 $8^4 =$

11 $6^3 =$

12 $4^4 =$

13 $9^3 =$

14 $10^5 =$

15 $11^2 =$

16 $12^3 =$

17 $20^3 =$

18 $40^2 =$

19 $15^3 =$

20 $10^3 =$

21 $11^3 =$

22 $10^4 =$

23 $90^2 =$

24 $13^3 =$

25	32	81	100	121	216	256	343
512	625	729	1 000	1 024	1 331	1 600	1 728
2 197	3 125	3 375	4 096	8 000	8 100	10 000	100 000

Mit Potenzen rechnen

Berechne immer zuerst den Wert der Potenz.

$4^3 + 20 =$ ☐	$3 \cdot 5^2 =$ ☐
$4 \cdot 4 \cdot 4 + 20 =$ ☐	$3 \cdot 5 \cdot 5 =$ ☐
$64 + 20 = 84$	$3 \cdot 25 = 75$

Zur Kontrolle: Unten auf der Seite findest du alle Lösungen. Trage darunter die Aufgabennummern ein.

1. $5^2 + 9 =$
2. $2^5 + 8 =$
3. $3^3 + 3 =$
4. $17 + 2^4 =$
5. $11 + 9^3 =$
6. $25 + 5^3 =$
7. $3^4 - 11 =$
8. $4^3 - 14 =$
9. $6^3 - 16 =$
10. $2^5 - 12 =$
11. $3^5 - 13 =$
12. $1^4 + 44 =$
13. $3^6 - 30 =$
14. $6^3 - 26 =$
15. $2^6 - 20 =$
16. $132 - 2^5 =$
17. $150 - 1^6 =$
18. $200 - 6^1 =$
19. $2 \cdot 3^4 =$
20. $3 \cdot 4^3 =$
21. $2 \cdot 5^3 =$
22. $19 \cdot 1^7 =$
23. $2 \cdot 1^4 =$
24. $3 \cdot 4^1 =$
25. $3 \cdot 6^2 =$
26. $5 \cdot 3^3 =$
27. $2 \cdot 4^3 =$
28. $4 \cdot 5^2 + 15 =$
29. $2 \cdot 7^3 + 14 =$
30. $5 \cdot 3^3 + 25 =$
31. $5^2 + 2^5 =$
32. $4^3 - 3^3 =$
33. $7^3 - 3^2 =$
34. $3 \cdot 2^2 + 3 \cdot 3^2 =$
35. $2 \cdot 7^3 - 8 \cdot 6^2 =$
36. $3 \cdot 5^1 + 8 \cdot 1^5 =$

2	12	19	20	23	30	33	34	37	39	40	44	45	50	57	70	100	108

115	128	135	149	150	160	162	190	192	194	200	230	250	334	398	699	700	740

Zur Kontrolle: Kreuze jeweils den Buchstaben unter dem richtigen Ergebnis an.

1 2 927 + 104 + 177

3 298	3 208	3 198	2 198
A	B	C	D

2 7 305 – 295 – 125

7 095	6 885	6 880	6 095
A	B	C	D

3 $5 \cdot 236$

1 180	1 150	1 080	1 050
A	B	C	D

4 $208 \cdot 107$

22 256	21 256	3 536	2 996
A	B	C	D

5 2 375 : 19

155	135	125	105
A	B	C	D

6 990 660 : 66

15 010	1 501	1 510	151
A	B	C	D

7 $62 - 12 \cdot 3$

150	140	36	26
A	B	C	D

8 72 – 36 : 4

9	63	64	81
A	B	C	D

9 $-62 + 95$

157	33	–33	–157
A	B	C	D

10 $-76 + 28$

104	48	–48	–104
A	B	C	D

11 $-12 - 20$

32	8	–8	–32
A	B	C	D

12 $-4 + (-50) - (+3)$

43	–43	–51	–57
A	B	C	D

13 $8 - (-20) + (-2)$

30	26	–10	–26
A	B	C	D

14 $-9 \cdot (+7)$

63	2	–2	–63
A	B	C	D

15 $-12 \cdot (-6)$

72	18	–18	–72
A	B	C	D

16 $2^6 - 4$

68	64	60	8
A	B	C	D

Die Lösungen findest du auf der Seite 160.

Brüche

Zur Kontrolle: Kreuze jeweils den Buchstaben unter dem richtigen Ergebnis an.

1 Erweitere $\frac{3}{5}$ auf 60stel.

$\frac{60}{36}$	$\frac{36}{60}$	$\frac{60}{5}$	$\frac{3}{60}$
A	B	C	D

2 Kürze $\frac{48}{72}$ soweit wie möglich.

$\frac{16}{36}$	$\frac{4}{9}$	$\frac{2}{3}$	$\frac{4}{18}$
A	B	C	D

3 $\frac{2}{7} + \frac{3}{7}$

$\frac{5}{14}$	$\frac{3}{7}$	$\frac{5}{7}$	$\frac{6}{7}$
A	B	C	D

4 $\frac{2}{3} + \frac{1}{6}$

$\frac{1}{9}$	$\frac{5}{6}$	$\frac{1}{3}$	$\frac{1}{2}$
A	B	C	D

5 $4\frac{1}{2} + 1\frac{3}{5}$

$5\frac{1}{10}$	$5\frac{4}{7}$	$6\frac{4}{7}$	$6\frac{1}{10}$
A	B	C	D

6 $7 - \frac{5}{7}$

$6\frac{2}{7}$	$\frac{7}{2}$	$6\frac{4}{7}$	$2\frac{2}{7}$
A	B	C	D

7 $4\frac{8}{15} - \frac{1}{6}$

$3\frac{11}{30}$	$4\frac{11}{30}$	$4\frac{7}{30}$	$4\frac{7}{9}$
A	B	C	D

8 $5\frac{5}{9} - 2\frac{2}{3}$

$3\frac{8}{9}$	$2\frac{8}{9}$	$3\frac{1}{2}$	$3\frac{1}{3}$
A	B	C	D

9 $\frac{3}{4} \cdot \frac{5}{7}$

$\frac{15}{28}$	$\frac{15}{11}$	$\frac{8}{11}$	$\frac{28}{15}$
A	B	C	D

10 $4 \cdot \frac{2}{9}$

$\frac{1}{4}$	$4\frac{2}{9}$	$\frac{8}{9}$	$\frac{4}{9}$
A	B	C	D

11 $3\frac{1}{2} \cdot 2\frac{2}{5}$

$5\frac{1}{5}$	$5\frac{3}{7}$	$6\frac{1}{5}$	$8\frac{2}{5}$
A	B	C	D

12 $\frac{5}{8} : \frac{2}{3}$

$\frac{5}{12}$	$\frac{3}{5}$	$\frac{15}{16}$	$1\frac{1}{15}$
A	B	C	D

13 $5\frac{1}{4} : 2\frac{1}{3}$

$3\frac{1}{2}$	$2\frac{1}{4}$	$3\frac{1}{4}$	$2\frac{1}{6}$
A	B	C	D

14 $15 : \frac{1}{3}$

5	$\frac{1}{45}$	45	30
A	B	C	D

15 $\frac{3}{8} : 4$

$\frac{3}{32}$	$1\frac{1}{2}$	$\frac{2}{3}$	$9\frac{2}{3}$
A	B	C	D

16 $4\frac{1}{2} : 2$

$2\frac{1}{4}$	$2\frac{1}{2}$	$4\frac{1}{4}$	9
A	B	C	D

Die Lösungen findest du auf der Seite 160.

Kürzen und erweitern

Kürzen

Zähler und Nenner durch die gleiche Zahl dividieren

Beispiel: Kürze $\frac{56}{84}$ soweit wie möglich.

$\frac{56}{84} = \frac{\square}{\square}$ Probiere so lange wie möglich durch 2, 3, 5, 7, … zu dividieren.

$\frac{56}{84} = \frac{56:2}{84:2} = \frac{28}{42} = \frac{28:2}{42:2} = \frac{14}{21} = \frac{14:7}{21:7} = \frac{2}{3}$

Kürzen durch 2 — Kürzen durch 2 — Kürzen durch 7

Erweitern

Zähler und Nenner mit der gleichen Zahl multiplizieren

Beispiel: Erweitere auf 48stel.

$\frac{3}{4} = \frac{\square}{48}$ Berechne zuerst die Erweiterungszahl. 48 : 4 = 12

$\frac{3}{4} = \frac{3 \cdot 12}{4 \cdot 12} = \frac{36}{48}$

Erweitern mit 12

Zur Kontrolle: Die Lösungen findest du in den Kästchen unter den Aufgaben. Trage darunter die Aufgabennummern ein.

Kürze soweit wie möglich.

1. $\frac{12}{40} = \frac{\square}{\square}$
2. $\frac{15}{45} = \frac{\square}{\square}$
3. $\frac{108}{120} = \frac{\square}{\square}$
4. $\frac{24}{28} = \frac{\square}{\square}$
5. $\frac{84}{90} = \frac{\square}{\square}$
6. $\frac{250}{400} = \frac{\square}{\square}$
7. $\frac{12}{64} = \frac{\square}{\square}$
8. $\frac{45}{60} = \frac{\square}{\square}$
9. $\frac{440}{600} = \frac{\square}{\square}$
10. $\frac{48}{72} = \frac{\square}{\square}$
11. $\frac{252}{300} = \frac{\square}{\square}$
12. $\frac{504}{900} = \frac{\square}{\square}$

$\frac{1}{3}$	$\frac{2}{3}$	$\frac{3}{4}$	$\frac{3}{10}$	$\frac{3}{16}$	$\frac{5}{8}$	$\frac{6}{7}$	$\frac{9}{10}$	$\frac{11}{15}$	$\frac{14}{15}$	$\frac{14}{25}$	$\frac{21}{25}$

Erweitere auf den jeweils angegebenen Nenner.

13. $\frac{2}{3} = \frac{\square}{90}$
14. $\frac{1}{3} = \frac{\square}{90}$
15. $\frac{7}{9} = \frac{\square}{216}$
16. $\frac{3}{7} = \frac{\square}{84}$
17. $\frac{5}{6} = \frac{\square}{252}$
18. $\frac{5}{7} = \frac{\square}{84}$
19. $\frac{3}{4} = \frac{\square}{252}$
20. $\frac{3}{8} = \frac{\square}{216}$
21. $\frac{11}{12} = \frac{\square}{252}$
22. $\frac{13}{18} = \frac{\square}{90}$
23. $\frac{4}{21} = \frac{\square}{84}$
24. $\frac{5}{12} = \frac{\square}{216}$

$\frac{16}{84}$	$\frac{30}{90}$	$\frac{36}{84}$	$\frac{60}{84}$	$\frac{60}{90}$	$\frac{65}{90}$	$\frac{81}{216}$	$\frac{90}{216}$	$\frac{168}{216}$	$\frac{189}{252}$	$\frac{210}{252}$	$\frac{231}{252}$

Addieren und subtrahieren

$\frac{2}{3}$

Addieren

$\frac{5}{6} + \frac{7}{9} = \square$

Subtrahieren

$\frac{2}{3} - \frac{1}{2} = \square$

Mache die Brüche gleichnamig.

Erweitere auf den gemeinsamen Nenner 18.
Addiere dann die Zähler.

$\frac{5 \cdot 3}{6 \cdot 3} + \frac{7 \cdot 2}{9 \cdot 2} = \frac{15}{18} + \frac{14}{18} = \frac{29}{18}$

Der Zähler ist größer als der Nenner.
Zerlege den Bruch.

$\frac{29}{18} = \frac{18}{18} + \frac{11}{18} = 1 + \frac{11}{18} = 1\frac{11}{18}$

Erweitere auf den gemeinsamen Nenner 6.
Subtrahiere dann die Zähler.

$\frac{2 \cdot 2}{3 \cdot 2} - \frac{1 \cdot 3}{2 \cdot 3} = \frac{4}{6} - \frac{3}{6} = \frac{1}{6}$

Zur Kontrolle: Die Lösungen findest du unter den Aufgaben. Trage darunter die Aufgabennummern ein.

1. $\frac{1}{8} + \frac{3}{4} = \square$
2. $\frac{9}{10} - \frac{2}{5} = \square$
3. $\frac{11}{15} + \frac{2}{3} = \square$
4. $\frac{3}{4} - \frac{5}{8} = \square$
5. $\frac{5}{6} + \frac{2}{3} = \square$
6. $\frac{11}{12} + \frac{1}{3} = \square$
7. $\frac{5}{6} - \frac{1}{2} = \square$
8. $\frac{4}{5} + \frac{1}{4} = \square$
9. $\frac{17}{18} + \frac{2}{9} = \square$
10. $\frac{7}{9} - \frac{2}{3} = \square$
11. $\frac{7}{12} + \frac{3}{4} = \square$
12. $\frac{5}{8} + \frac{3}{4} = \square$
13. $\frac{1}{12} + \frac{1}{6} = \square$
14. $\frac{5}{8} + \frac{1}{2} = \square$
15. $\frac{8}{9} + \frac{1}{3} = \square$
16. $\frac{1}{10} + \frac{3}{5} = \square$
17. $\frac{2}{15} + \frac{2}{3} = \square$
18. $\frac{5}{8} - \frac{1}{4} = \square$
19. $\frac{4}{5} + \frac{4}{5} = \square$
20. $\frac{7}{8} - \frac{1}{4} = \square$
21. $\frac{9}{10} - \frac{3}{4} = \square$
22. $\frac{4}{15} - \frac{1}{10} = \square$
23. $\frac{7}{8} + \frac{3}{4} = \square$
24. $\frac{4}{5} + \frac{3}{10} = \square$

$\frac{1}{2}$	$\frac{1}{3}$	$\frac{1}{4}$	$\frac{1}{6}$	$\frac{1}{8}$	$\frac{1}{9}$	$\frac{3}{8}$	$\frac{3}{20}$	$\frac{4}{5}$	$\frac{5}{8}$	$\frac{7}{8}$	$\frac{7}{10}$

$1\frac{1}{2}$	$1\frac{1}{3}$	$1\frac{1}{4}$	$1\frac{1}{6}$	$1\frac{1}{8}$	$1\frac{1}{10}$	$1\frac{1}{20}$	$1\frac{2}{5}$	$1\frac{2}{9}$	$1\frac{3}{5}$	$1\frac{3}{8}$	$1\frac{5}{8}$

Addieren und subtrahieren

Addieren		**Subtrahieren**
$5\frac{1}{2} + 1\frac{4}{5} =$		$7\frac{1}{5} - 2\frac{3}{4} =$
$5 + 1 = 6$	Fasse zuerst die ganzen Zahlen zusammen.	$7 - 2 = 5$
$6\frac{1}{2} + \frac{4}{5} =$		$5\frac{1}{5} - \frac{3}{4} =$
	Mache die Brüche gleichnamig und fasse die Zähler zusammen.	
$6\frac{5}{10} + \frac{8}{10} = 6\frac{13}{10}$		$5\frac{4}{20} - \frac{15}{20} =$
Ist der Zähler größer als der Nenner? Zerlege den Bruch.		Ist der zweite Bruch größer als der erste Bruch? Wandle ein Ganzes um.
$6\frac{13}{10} = 6 + \frac{10}{10} + \frac{3}{10} = 7\frac{3}{10}$		$4\frac{20}{20} + \frac{4}{20} - \frac{15}{20} = 4\frac{9}{20}$

Zur Kontrolle: Die Lösungen findest du unter den Aufgaben. Trage darunter die Aufgabennummern ein.

1. $2\frac{3}{4} + 1\frac{1}{2} =$
2. $4\frac{3}{10} - 2\frac{4}{5} =$
3. $3\frac{1}{5} + 1\frac{1}{10} =$
4. $3\frac{1}{8} - 2\frac{3}{4} =$
5. $3\frac{5}{6} + 1\frac{2}{3} =$
6. $4\frac{1}{2} - 2\frac{2}{5} =$
7. $2\frac{3}{8} + 1\frac{1}{4} =$
8. $3\frac{3}{5} - 1\frac{1}{10} =$
9. $4\frac{1}{5} + 1\frac{1}{4} =$
10. $3\frac{3}{8} - 3\frac{1}{4} =$
11. $1\frac{3}{5} + 1\frac{4}{5} =$
12. $2\frac{4}{9} - 2\frac{1}{3} =$
13. $1\frac{1}{12} + 1\frac{1}{6} =$
14. $4\frac{1}{2} - 2\frac{2}{3} =$
15. $4\frac{1}{10} - 2\frac{1}{5} =$
16. $2\frac{1}{15} - 1\frac{2}{3} =$
17. $1\frac{8}{9} + 1\frac{1}{3} =$
18. $3\frac{1}{2} + 1\frac{1}{4} =$
19. $3\frac{1}{6} + 1\frac{2}{3} =$
20. $4\frac{5}{6} - 1\frac{2}{3} =$
21. $1\frac{2}{5} - 1\frac{1}{4} =$
22. $4\frac{1}{2} + 1\frac{1}{6} =$
23. $1\frac{5}{8} + 2\frac{3}{4} =$
24. $7\frac{2}{3} - 3\frac{4}{9} =$

$\frac{1}{9}$	$\frac{1}{8}$	$\frac{3}{20}$	$\frac{3}{8}$	$\frac{2}{5}$	$1\frac{1}{2}$	$1\frac{5}{6}$	$1\frac{9}{10}$	$2\frac{1}{10}$	$2\frac{1}{4}$	$2\frac{1}{2}$	$3\frac{1}{6}$

$3\frac{2}{9}$	$3\frac{2}{5}$	$3\frac{5}{8}$	$4\frac{2}{9}$	$4\frac{1}{4}$	$4\frac{3}{10}$	$4\frac{3}{8}$	$4\frac{3}{4}$	$4\frac{5}{6}$	$5\frac{9}{20}$	$5\frac{1}{2}$	$5\frac{2}{3}$

Addieren und subtrahieren

$\frac{2}{3}$

Zur Kontrolle: Die Lösungen findest du unter den Aufgaben. Trage darunter die Aufgabennummern ein.

1 $\frac{2}{5} - \frac{1}{10} =$	6 $\frac{9}{15} + \frac{1}{5} =$	11 $\frac{8}{9} - \frac{1}{3} =$	16 $\frac{13}{18} + \frac{1}{9} =$
2 $\frac{1}{5} + \frac{1}{20} =$	7 $\frac{9}{10} - \frac{3}{4} =$	12 $\frac{9}{25} + \frac{4}{5} =$	17 $\frac{24}{25} - \frac{1}{5} =$
3 $\frac{5}{8} - \frac{1}{4} =$	8 $\frac{7}{12} + \frac{7}{9} =$	13 $\frac{39}{40} - \frac{3}{4} =$	18 $\frac{7}{16} + \frac{1}{8} =$
4 $\frac{5}{6} + \frac{1}{3} =$	9 $\frac{4}{5} - \frac{7}{15} =$	14 $\frac{7}{9} + \frac{2}{3} =$	19 $\frac{1}{6} + \frac{7}{9} =$
5 $\frac{5}{9} - \frac{1}{3} =$	10 $\frac{7}{9} + \frac{1}{3} =$	15 $\frac{4}{9} - \frac{1}{18} =$	20 $\frac{6}{7} - \frac{2}{3} =$

$\frac{1}{3}$	$\frac{1}{4}$	$\frac{2}{9}$	$\frac{3}{8}$	$\frac{3}{10}$	$\frac{3}{20}$	$\frac{4}{5}$	$\frac{4}{21}$	$\frac{5}{6}$	$\frac{5}{9}$

$\frac{7}{18}$	$\frac{9}{16}$	$\frac{9}{40}$	$\frac{17}{18}$	$\frac{19}{25}$	$1\frac{1}{6}$	$1\frac{1}{9}$	$1\frac{4}{9}$	$1\frac{4}{25}$	$1\frac{13}{36}$

21 $1\frac{2}{3} - \frac{1}{6} =$	26 $\frac{1}{15} + 1\frac{1}{5} =$	31 $4\frac{1}{5} - 3\frac{3}{10} =$	36 $1\frac{2}{9} + 1\frac{2}{3} =$
22 $\frac{7}{20} + 2\frac{3}{20} =$	27 $4\frac{1}{3} - \frac{1}{6} =$	32 $2\frac{2}{5} + 1\frac{3}{10} =$	37 $7\frac{3}{4} - 6\frac{11}{12} =$
23 $3\frac{1}{2} - \frac{5}{6} =$	28 $\frac{3}{4} + 3\frac{3}{8} =$	33 $2\frac{9}{10} - 2\frac{1}{10} =$	38 $1\frac{1}{2} + \frac{3}{8} =$
24 $\frac{5}{6} + 2\frac{2}{3} =$	29 $2\frac{2}{7} - \frac{5}{14} =$	34 $3\frac{1}{4} + 2\frac{1}{4} =$	39 $1\frac{3}{8} + 2\frac{7}{10} =$
25 $3\frac{5}{9} - \frac{1}{3} =$	30 $1\frac{2}{3} + 1\frac{1}{4} =$	35 $6\frac{2}{15} - 1\frac{4}{5} =$	40 $9\frac{2}{5} - 3\frac{5}{8} =$

$\frac{4}{5}$	$\frac{5}{6}$	$\frac{9}{10}$	$1\frac{1}{2}$	$1\frac{4}{15}$	$1\frac{7}{8}$	$1\frac{13}{14}$	$2\frac{1}{2}$	$2\frac{2}{3}$	$2\frac{8}{9}$

$2\frac{11}{12}$	$3\frac{1}{2}$	$3\frac{2}{9}$	$3\frac{7}{10}$	$4\frac{1}{3}$	$4\frac{1}{6}$	$4\frac{1}{8}$	$4\frac{3}{40}$	$5\frac{1}{2}$	$5\frac{31}{40}$

Multiplizieren und dividieren

Multiplizieren

$\frac{2}{9} \cdot \frac{5}{6} =$ ☐

Dividieren

$\frac{2}{3} : \frac{7}{9} =$ ☐

Multipliziere mit dem Kehrwert des zweiten Bruches.

$\frac{2}{3} \cdot \frac{9}{7} =$ ☐

Notiere auf einem Bruchstrich und kürze soweit wie möglich.
Rechne: Zähler mal Zähler und Nenner mal Nenner

$\frac{2 \cdot 5}{9 \cdot 6} = \frac{\cancel{2} \cdot 5}{9 \cdot \cancel{6}} = \frac{1 \cdot 5}{9 \cdot 3} = \frac{5}{27}$

kürze durch 2

$\frac{2 \cdot 9}{3 \cdot 7} = \frac{2 \cdot \cancel{9}}{\cancel{3} \cdot 7} = \frac{2 \cdot 3}{1 \cdot 7} = \frac{6}{7}$

kürze durch 3

Zur Kontrolle: Die Lösungen findest du unter den Aufgaben. Trage darunter die Aufgabennummern ein.

1. $\frac{2}{3} \cdot \frac{5}{6} =$ ☐
2. $\frac{2}{5} \cdot \frac{3}{4} =$ ☐
3. $\frac{1}{10} \cdot \frac{2}{3} =$ ☐
4. $\frac{2}{9} \cdot \frac{3}{4} =$ ☐
5. $\frac{1}{12} \cdot \frac{2}{5} =$ ☐
6. $\frac{5}{27} \cdot \frac{3}{10} =$ ☐
7. $\frac{3}{7} \cdot \frac{7}{9} =$ ☐
8. $\frac{5}{16} \cdot \frac{4}{5} =$ ☐
9. $\frac{9}{25} \cdot \frac{5}{12} =$ ☐
10. $\frac{16}{25} \cdot \frac{5}{8} =$ ☐
11. $\frac{7}{16} \cdot \frac{4}{5} =$ ☐
12. $\frac{7}{9} \cdot \frac{1}{21} =$ ☐
13. $\frac{8}{9} \cdot \frac{1}{12} =$ ☐
14. $\frac{16}{25} \cdot \frac{15}{16} =$ ☐
15. $\frac{1}{36} \cdot \frac{9}{10} =$ ☐
16. $\frac{9}{10} \cdot \frac{8}{9} =$ ☐

$\frac{1}{3}$	$\frac{1}{4}$	$\frac{1}{6}$	$\frac{1}{15}$	$\frac{1}{18}$	$\frac{1}{27}$	$\frac{1}{30}$	$\frac{1}{40}$	$\frac{2}{5}$	$\frac{2}{27}$	$\frac{3}{5}$	$\frac{3}{10}$	$\frac{3}{20}$	$\frac{4}{5}$	$\frac{5}{9}$	$\frac{7}{20}$

17. $\frac{7}{20} : \frac{4}{5} =$ ☐
18. $\frac{1}{15} : \frac{3}{5} =$ ☐
19. $\frac{9}{40} : \frac{3}{4} =$ ☐
20. $\frac{9}{40} : \frac{4}{5} =$ ☐
21. $\frac{1}{8} : \frac{3}{5} =$ ☐
22. $\frac{1}{8} : \frac{1}{4} =$ ☐
23. $\frac{5}{7} : \frac{2}{7} =$ ☐
24. $\frac{1}{3} : \frac{3}{4} =$ ☐
25. $\frac{7}{10} : \frac{2}{5} =$ ☐
26. $\frac{2}{9} : \frac{2}{3} =$ ☐
27. $\frac{7}{16} : \frac{1}{14} =$ ☐
28. $\frac{5}{9} : \frac{1}{12} =$ ☐
29. $\frac{1}{5} : \frac{7}{15} =$ ☐
30. $\frac{21}{25} : \frac{1}{5} =$ ☐
31. $\frac{1}{2} : \frac{9}{10} =$ ☐
32. $\frac{1}{10} : \frac{4}{5} =$ ☐

$\frac{1}{2}$	$\frac{1}{3}$	$\frac{1}{8}$	$\frac{1}{9}$	$\frac{3}{7}$	$\frac{3}{10}$	$\frac{4}{9}$	$\frac{5}{9}$	$\frac{5}{24}$	$\frac{7}{16}$	$\frac{9}{32}$	$1\frac{3}{4}$	$2\frac{1}{2}$	$4\frac{1}{5}$	$6\frac{1}{8}$	$6\frac{2}{3}$

Multiplizieren und dividieren

Multiplizieren

$3 \cdot \frac{2}{9} = \square$

Dividieren

$6 : \frac{2}{3} = \square$ $\qquad \frac{4}{9} : 12 = \square$

Wandle die ganzen Zahlen in Brüche um.

$\frac{3}{1} \cdot \frac{2}{9} = \square$ $\qquad \frac{6}{1} : \frac{2}{3} = \square$ $\qquad \frac{4}{9} : \frac{12}{1} = \square$

Multipliziere mit dem Kehrwert des zweiten Bruches.

$\frac{6}{1} \cdot \frac{3}{2} = \square$ $\qquad \frac{4}{9} \cdot \frac{1}{12} = \square$

Notiere auf einem Bruchstrich und rechne:
Zähler mal Zähler und Nenner mal Nenner

$\frac{3 \cdot 2}{1 \cdot 9} = \frac{1 \cdot 2}{1 \cdot 3} = \frac{2}{3}$ gekürzt durch 3

$\frac{6 \cdot 3}{1 \cdot 2} = \frac{3 \cdot 3}{1 \cdot 1} = 9$ gekürzt durch 2

$\frac{4 \cdot 1}{9 \cdot 12} = \frac{1 \cdot 1}{9 \cdot 3} = \frac{1}{27}$ gekürzt durch 4

Zur Kontrolle: Die Lösungen findest du unter den Aufgaben. Trage darunter die Aufgabennummern ein.

1. $2 \cdot \frac{3}{8} =$
2. $4 \cdot \frac{3}{20} =$
3. $6 \cdot \frac{5}{32} =$
4. $6 \cdot \frac{3}{40} =$
5. $6 \cdot \frac{1}{12} =$
6. $8 \cdot \frac{7}{60} =$
7. $\frac{3}{40} \cdot 7 =$
8. $2 \cdot \frac{3}{80} =$
9. $8 \cdot \frac{3}{44} =$
10. $\frac{1}{9} \cdot 6 =$
11. $3 \cdot \frac{7}{48} =$
12. $\frac{13}{60} \cdot 4 =$
13. $3 \cdot \frac{5}{24} =$
14. $\frac{1}{75} \cdot 10 =$
15. $6 \cdot \frac{1}{40} =$
16. $3 \cdot \frac{7}{24} =$

$\frac{1}{2}$	$\frac{2}{3}$	$\frac{2}{15}$	$\frac{3}{4}$	$\frac{3}{5}$	$\frac{3}{20}$	$\frac{3}{40}$	$\frac{5}{8}$	$\frac{6}{11}$	$\frac{7}{8}$	$\frac{7}{16}$	$\frac{9}{20}$	$\frac{13}{15}$	$\frac{14}{15}$	$\frac{15}{16}$	$\frac{21}{40}$

17. $\frac{4}{5} : 8 =$
18. $\frac{1}{4} : 4 =$
19. $\frac{2}{3} : 10 =$
20. $5 : \frac{1}{8} =$
21. $\frac{1}{2} : 2 =$
22. $\frac{15}{16} : 6 =$
23. $\frac{22}{25} : 4 =$
24. $9 : \frac{3}{5} =$
25. $\frac{8}{9} : 24 =$
26. $6 : \frac{3}{8} =$
27. $\frac{12}{25} : 9 =$
28. $\frac{6}{7} : 21 =$
29. $\frac{1}{7} : 4 =$
30. $12 : \frac{3}{5} =$
31. $\frac{9}{10} : 18 =$
32. $18 : \frac{9}{14} =$

$\frac{1}{4}$	$\frac{1}{10}$	$\frac{1}{15}$	$\frac{1}{16}$	$\frac{1}{20}$	$\frac{1}{27}$	$\frac{1}{28}$	$\frac{2}{49}$	$\frac{4}{75}$	$\frac{5}{32}$	$\frac{11}{50}$	15	16	20	28	40

$\frac{2}{3}$

Multiplizieren und dividieren

Multiplizieren	**Dividieren**
$2\frac{4}{5} \cdot 3\frac{2}{7} = \square$	$5\frac{1}{2} : 1\frac{3}{4} = \square$

Wandle die ganzen Zahlen in Brüche um.

$\frac{14}{5} \cdot \frac{23}{7} = \square$	$\frac{11}{2} : \frac{7}{4} = \square$

Multipliziere mit dem Kehrwert des zweiten Bruches.

$\frac{11}{2} \cdot \frac{4}{7} = \square$

Notiere auf einem Bruchstrich und kürze soweit wie möglich.
Rechne: Zähler mal Zähler und Nenner mal Nenner

$\frac{14 \cdot 23}{5 \cdot 7} = \frac{2 \cdot 23}{5 \cdot 1} = \frac{46}{5}$	$\frac{11 \cdot 4}{2 \cdot 7} = \frac{11 \cdot 2}{1 \cdot 7} = \frac{22}{7}$
gekürzt durch 7	gekürzt durch 2

Wandle in gemischte Zahlen um.

$46 : 5 = 9 + \frac{1}{5} = 9\frac{1}{5}$	$22 : 7 = 3 + \frac{1}{7} = 3\frac{1}{7}$
$\underline{45}$	$\underline{21}$
1	1

Zur Kontrolle: Die Lösungen findest du unter den Aufgaben. Trage darunter die Aufgabennummern ein.

1) $1\frac{5}{6} \cdot 2\frac{2}{5} = \square$	4) $3\frac{3}{4} \cdot 1\frac{2}{5} = \square$	7) $4\frac{2}{3} \cdot 1\frac{1}{7} = \square$	10) $1\frac{7}{18} \cdot 2\frac{4}{5} = \square$
2) $1\frac{4}{5} \cdot 1\frac{7}{9} = \square$	5) $2\frac{2}{5} \cdot 1\frac{1}{6} = \square$	8) $2\frac{2}{3} \cdot 1\frac{3}{4} = \square$	11) $1\frac{9}{22} \cdot 2\frac{1}{5} = \square$
3) $2\frac{5}{8} \cdot 1\frac{3}{7} = \square$	6) $2\frac{2}{9} \cdot 1\frac{1}{2} = \square$	9) $1\frac{1}{4} \cdot 3\frac{1}{3} = \square$	12) $2\frac{7}{10} \cdot 1\frac{5}{9} = \square$

$2\frac{4}{5}$	$3\frac{1}{3}$	$3\frac{1}{5}$	$3\frac{1}{10}$	$3\frac{3}{4}$	$3\frac{8}{9}$	$4\frac{1}{6}$	$4\frac{1}{5}$	$4\frac{2}{3}$	$4\frac{2}{5}$	$5\frac{1}{3}$	$5\frac{1}{4}$

13) $5\frac{5}{7} : 2\frac{2}{3} = \square$	16) $5\frac{5}{9} : 1\frac{1}{4} = \square$	19) $9\frac{5}{7} : 2\frac{1}{8} = \square$	22) $4\frac{1}{4} : 1\frac{3}{14} = \square$
14) $9\frac{1}{2} : 2\frac{1}{9} = \square$	17) $4\frac{1}{3} : 2\frac{3}{5} = \square$	20) $9\frac{1}{2} : 3\frac{4}{5} = \square$	23) $4\frac{2}{3} : 1\frac{1}{15} = \square$
15) $6\frac{3}{4} : 1\frac{4}{5} = \square$	18) $2\frac{1}{5} : 1\frac{2}{9} = \square$	21) $9\frac{2}{7} : 2\frac{3}{5} = \square$	24) $8\frac{1}{8} : 5\frac{5}{12} = \square$

$1\frac{1}{2}$	$1\frac{2}{3}$	$1\frac{4}{5}$	$2\frac{1}{2}$	$2\frac{1}{7}$	$3\frac{1}{2}$	$3\frac{3}{4}$	$3\frac{4}{7}$	$4\frac{1}{2}$	$4\frac{3}{8}$	$4\frac{4}{7}$	$4\frac{4}{9}$

Vermischte Aufgaben

Zur Kontrolle: Die Lösungen findest du unter den Aufgaben. Trage darunter die Aufgabennummern ein.

1 $\frac{1}{10} + \frac{2}{5} =$	4 $\frac{14}{25} + \frac{3}{5} =$	7 $1\frac{3}{4} + 1\frac{9}{10} =$	10 $1\frac{1}{2} + 3\frac{3}{4} =$
2 $\frac{1}{9} + \frac{5}{6} =$	5 $\frac{7}{10} + \frac{7}{8} =$	8 $2\frac{3}{8} + 1\frac{3}{4} =$	11 $4\frac{3}{7} + 1\frac{1}{14} =$
3 $\frac{5}{8} + \frac{7}{8} =$	6 $\frac{2}{3} + \frac{23}{24} =$	9 $2\frac{3}{5} + 2\frac{4}{15} =$	12 $1\frac{7}{8} + 3\frac{1}{2} =$

$\frac{1}{2}$	$\frac{17}{18}$	$1\frac{1}{2}$	$1\frac{4}{25}$	$1\frac{5}{8}$	$1\frac{23}{40}$	$3\frac{13}{20}$	$4\frac{1}{8}$	$4\frac{13}{15}$	$5\frac{1}{2}$	$5\frac{1}{4}$	$5\frac{3}{8}$

13 $\frac{1}{3} - \frac{1}{6} =$	16 $1\frac{20}{21} - \frac{2}{3} =$	19 $5\frac{5}{8} - 3\frac{3}{4} =$	22 $1 - \frac{3}{4} =$
14 $\frac{7}{9} - \frac{1}{3} =$	17 $3\frac{4}{5} - \frac{3}{10} =$	20 $3\frac{1}{3} - 2\frac{5}{9} =$	23 $4 - 1\frac{5}{8} =$
15 $\frac{3}{5} - \frac{1}{2} =$	18 $2\frac{8}{9} - \frac{2}{9} =$	21 $4\frac{3}{5} - 1\frac{4}{5} =$	24 $6 - 3\frac{4}{5} =$

$\frac{1}{4}$	$\frac{1}{6}$	$\frac{1}{10}$	$\frac{4}{9}$	$\frac{7}{9}$	$1\frac{2}{7}$	$1\frac{7}{8}$	$2\frac{1}{5}$	$2\frac{2}{3}$	$2\frac{3}{8}$	$2\frac{4}{5}$	$3\frac{1}{2}$

25 $\frac{4}{5} \cdot \frac{3}{5} =$	28 $1\frac{1}{6} \cdot \frac{3}{7} =$	31 $3\frac{3}{4} \cdot 1\frac{3}{5} =$	34 $4 \cdot \frac{3}{4} =$
26 $\frac{5}{8} \cdot \frac{2}{3} =$	29 $3\frac{4}{5} \cdot \frac{1}{2} =$	32 $3\frac{1}{3} \cdot 2\frac{3}{4} =$	35 $3 \cdot 1\frac{1}{5} =$
27 $\frac{5}{9} \cdot \frac{3}{5} =$	30 $2\frac{8}{9} \cdot \frac{2}{3} =$	33 $4\frac{3}{5} \cdot 2\frac{1}{2} =$	36 $3\frac{3}{4} \cdot 2 =$

$\frac{1}{2}$	$\frac{1}{3}$	$\frac{5}{12}$	$\frac{12}{25}$	$1\frac{9}{10}$	$1\frac{25}{27}$	3	$3\frac{3}{5}$	6	$7\frac{1}{2}$	$9\frac{1}{6}$	$11\frac{1}{2}$

37 $\frac{1}{2} : \frac{3}{5} =$	40 $1\frac{1}{9} : \frac{2}{3} =$	43 $3\frac{3}{4} : 2\frac{1}{2} =$	46 $5 : \frac{3}{4} =$
38 $\frac{5}{8} : \frac{1}{4} =$	41 $1\frac{1}{2} : \frac{1}{2} =$	44 $1\frac{1}{4} : 2\frac{3}{4} =$	47 $4 : 1\frac{4}{5} =$
39 $\frac{3}{5} : \frac{2}{3} =$	42 $\frac{1}{9} : 1\frac{1}{3} =$	45 $4\frac{1}{8} : 1\frac{1}{2} =$	48 $2\frac{1}{6} : 5 =$

$\frac{1}{12}$	$\frac{5}{6}$	$\frac{5}{11}$	$\frac{9}{10}$	$\frac{13}{30}$	$1\frac{1}{2}$	$1\frac{2}{3}$	$2\frac{1}{2}$	$2\frac{2}{9}$	$2\frac{3}{4}$	3	$6\frac{2}{3}$

Brüche

Zur Kontrolle: Kreuze jeweils den Buchstaben unter dem richtigen Ergebnis an.

1 Erweitere $\frac{3}{4}$ auf 24stel.

$\frac{3}{24}$	$\frac{18}{24}$	$\frac{24}{3}$	$\frac{24}{18}$
A	B	C	D

2 Kürze $\frac{42}{56}$ soweit wie möglich.

$\frac{3}{8}$	$\frac{21}{28}$	$\frac{6}{8}$	$\frac{3}{4}$
A	B	C	D

3 $\frac{4}{9} + \frac{1}{9}$

$\frac{5}{18}$	$\frac{5}{9}$	$\frac{1}{3}$	$\frac{2}{3}$
A	B	C	D

4 $\frac{1}{10} + \frac{2}{5}$

$\frac{3}{10}$	$\frac{1}{2}$	$\frac{1}{3}$	$\frac{3}{5}$
A	B	C	D

5 $2\frac{1}{6} + 5\frac{8}{9}$

$8\frac{1}{18}$	$8\frac{3}{5}$	$8\frac{4}{27}$	$7\frac{1}{18}$
A	B	C	D

6 $6 - \frac{1}{15}$

$5\frac{11}{15}$	$\frac{1}{15}$	$5\frac{1}{15}$	$5\frac{14}{15}$
A	B	C	D

7 $5\frac{7}{12} - \frac{3}{8}$

$5\frac{1}{3}$	$5\frac{1}{2}$	$5\frac{5}{24}$	$4\frac{5}{24}$
A	B	C	D

8 $5\frac{5}{9} - 1\frac{2}{3}$

$2\frac{8}{9}$	$3\frac{8}{9}$	$4\frac{2}{9}$	$3\frac{2}{9}$
A	B	C	D

9 $\frac{3}{8} \cdot \frac{5}{9}$

$\frac{1}{9}$	$\frac{8}{17}$	$\frac{3}{5}$	$\frac{5}{24}$
A	B	C	D

10 $3 \cdot \frac{2}{7}$

$3\frac{2}{7}$	$\frac{2}{21}$	$\frac{6}{7}$	$\frac{5}{7}$
A	B	C	D

11 $1\frac{1}{4} \cdot 4\frac{3}{5}$

$5\frac{3}{20}$	$4\frac{3}{20}$	$5\frac{3}{4}$	$8\frac{2}{5}$
A	B	C	D

12 $\frac{3}{5} : \frac{5}{8}$

$\frac{3}{8}$	$1\frac{1}{24}$	$\frac{24}{25}$	$\frac{2}{3}$
A	B	C	D

13 $4\frac{5}{7} : 2\frac{3}{4}$

$2\frac{2}{3}$	$1\frac{5}{7}$	$2\frac{5}{7}$	$1\frac{2}{3}$
A	B	C	D

14 $48 : \frac{3}{4}$

36	$\frac{1}{64}$	64	3
A	B	C	D

15 $\frac{6}{7} : 3$

$\frac{3}{7}$	$\frac{2}{7}$	$6\frac{3}{7}$	$7\frac{1}{3}$
A	B	C	D

16 $6\frac{1}{2} : 2$

3	$3\frac{1}{2}$	$3\frac{1}{4}$	$6\frac{1}{4}$
A	B	C	D

Die Lösungen findest du auf der Seite 160.

Dezimalbrüche

3,05

Zur Kontrolle: Kreuze jeweils den Buchstaben unter dem richtigen Ergebnis an.

1 Notiere $\frac{5}{8}$ als Dezimalbruch.

0,58	0,625	1,6	5,8
A	B	C	D

2 Notiere $2\frac{4}{5}$ als Dezimalbruch.

0,45	0,8	2,8	2,45
A	B	C	D

3 $1{,}028 + 12{,}98$

14,08	14,008	13,26	1,326
A	B	C	D

4 $4{,}5 + 2{,}04 + 0{,}2$

6,1	6,56	6,74	7,1
A	B	C	D

5 $0{,}07 + 30 + 1{,}03$

41,1	41	31,1	31
A	B	C	D

6 $42{,}4 - 3{,}45$

7,9	38,95	39,05	39,95
A	B	C	D

7 $7{,}5 - 0{,}2 - 3{,}02$

4	4,1	4,28	4,5
A	B	C	D

8 $30 - 0{,}06 - 1{,}4$

29,64	28,54	21,46	20
A	B	C	D

9 $1{,}2 \cdot 3{,}4$

0,4	0,48	4,08	4,5
A	B	C	D

10 $1{,}05 \cdot 50$

5,25	7,5	52,5	75
A	B	C	D

11 $2{,}5 \cdot 2{,}04$

0,51	5,1	6	6,1
A	B	C	D

12 $7{,}2 : 1{,}2$

0,6	5	6	60
A	B	C	D

13 $1{,}04 : 0{,}4$

0,26	0,35	2,6	26,5
A	B	C	D

14 $20 : 1{,}25$

32	16	1,6	0,16
A	B	C	D

15 $2{,}02 : 5$

0,404	0,44	4,4	44
A	B	C	D

16 $84 : 25$

33,6	3,36	3,306	3,3
A	B	C	D

Die Lösungen findest du auf der Seite 160.

Brüche als Dezimalbrüche schreiben

$\frac{4}{7} = \underbrace{4 : 7}$

$\frac{4}{7} = 0{,}5714\ldots \approx 0{,}571$ (gerundet auf Tausendstel)

$8\frac{3}{7} = \underbrace{8 + 3 : 7}$

$8\frac{3}{7} = 8 + 0{,}4285\ldots \approx 8{,}429$ (gerundet auf Tausendstel)

Schreibe die Brüche als Dezimalbrüche. Runde wenn nötig auf Tausendstel.

Zur Kontrolle: Die Lösungen findest du unter den Aufgaben. Trage unter den Lösungen die Aufgabennummern ein.

1. $\frac{3}{8} =$ ___
2. $\frac{4}{5} =$ ___
3. $\frac{1}{20} =$ ___
4. $\frac{3}{25} =$ ___
5. $\frac{17}{50} =$ ___
6. $\frac{19}{20} =$ ___
7. $\frac{7}{8} =$ ___
8. $\frac{3}{40} =$ ___
9. $\frac{19}{100} =$ ___
10. $\frac{113}{200} =$ ___
11. $\frac{9}{250} =$ ___
12. $\frac{27}{500} =$ ___

0,036	0,05	0,054	0,075	0,12	0,19	0,34	0,375	0,565	0,8	0,875	0,95

13. $\frac{9}{16} =$ ___
14. $\frac{3}{7} =$ ___
15. $\frac{4}{7} =$ ___
16. $\frac{1}{80} =$ ___
17. $\frac{2}{3} =$ ___
18. $\frac{2}{5} =$ ___
19. $\frac{9}{32} =$ ___
20. $\frac{5}{6} =$ ___
21. $\frac{99}{500} =$ ___
22. $\frac{11}{12} =$ ___
23. $\frac{1}{9} =$ ___
24. $\frac{13}{64} =$ ___

0,013	0,111	0,198	0,203	0,281	0,4	0,429	0,563	0,571	0,667	0,833	0,917

25. $2\frac{3}{40} =$ ___
26. $1\frac{11}{45} =$ ___
27. $2\frac{7}{9} =$ ___
28. $3\frac{5}{28} =$ ___
29. $1\frac{31}{90} =$ ___
30. $2\frac{3}{10} =$ ___
31. $2\frac{41}{80} =$ ___
32. $3\frac{1}{20} =$ ___
33. $3\frac{1}{25} =$ ___
34. $1\frac{9}{32} =$ ___
35. $1\frac{10}{33} =$ ___
36. $2\frac{7}{90} =$ ___

1,244	1,281	1,303	1,344	2,075	2,078	2,3	2,513	2,778	3,04	3,05	3,179

Dezimalbrüche addieren und subtrahieren

3,05

Schreibe die Aufgaben in dein Heft. Beachte: Schreibe Komma unter Komma.
Zur Kontrolle: Unten auf der Seite findest du alle Lösungen. Vergleiche.

1 $12{,}3 + 19{,}26 =$ ______

2 $26{,}48 + 52{,}4 =$ ______

3 $0{,}454 + 14{,}25 =$ ______

4 $16{,}04 + 12{,}06 =$ ______

5 $7{,}19 + 29{,}11 =$ ______

6 $27{,}49 + 0{,}49 =$ ______

7 $0{,}26 + 16{,}8 + 25{,}4 =$ ______

8 $8{,}22 + 0{,}001 + 17 =$ ______

9 $0{,}25 + 0{,}4 + 28{,}5 =$ ______

10 $2{,}48 + 19 + 0{,}61 =$ ______

11 $2{,}05 + 1{,}25 + 25 =$ ______

12 $1{,}98 + 15{,}7 + 0{,}005 =$ ______

13 $30{,}56 - 2{,}4 =$ ______

14 $60{,}2 - 28{,}05 =$ ______

15 $16{,}26 - 0{,}66 =$ ______

16 $48{,}002 - 25{,}03 =$ ______

17 $28{,}16 - 0{,}38 =$ ______

18 $62{,}5 - 7{,}255 =$ ______

19 $59 - 0{,}4 - 24{,}8 =$ ______

20 $61{,}6 - 27 - 6{,}12 =$ ______

21 $80{,}08 - 42{,}1 - 9 =$ ______

22 $70 - 0{,}06 - 30{,}1 =$ ______

23 $95 - 59{,}7 - 0{,}44 =$ ______

24 $87{,}244 - 9{,}244 - 1{,}8 =$ ______

14,704	15,6	17,685	22,09	22,972	25,221	27,78	27,98
28,1	28,16	28,3	28,48	28,98	29,15	31,56	32,15
33,8	34,86	36,3	39,84	42,46	55,245	76,2	78,88

3,05

Dezimalbrüche addieren und subtrahieren

Zur Kontrolle: Unten auf der Seite findest du alle Summen und Differenzen. Streiche die Zahl dort durch, wenn du eine Lösung gefunden hast.

1

+	0,23	2,9	1,45
1,25			
0,14			
2,8			

5

−	0,55	1,25	0,7
3			
2,34			
1,6			

2

+	1,22	4,07	0,07
12			
9,2			
4,88			

6

−	0,04	1,25	0,4
1,5			
5			
2,8			

3

+	1,33	0,75	2,3
0,07			
1,23			
0,7			

7

−	1,5	2,08	1,64
8			
2,8			
4,44			

4

+	0,12	1,25	0,4
1,5			
1,95			
4,88			

8

−	1,75	0,92	1,85
7,84			
2,04			
14,3			

0,19	0,25	0,29	0,35	0,37	0,72	0,82	0,9	1,05
1,09	1,1	1,12	1,16	1,3	1,4	1,45	1,46	1,48
1,55	1,59	1,62	1,64	1,75	1,79	1,9	1,98	2,03
2,07	2,3	2,35	2,36	2,37	2,4	2,45	2,56	2,7
2,75	2,76	2,8	2,94	3	3,03	3,04	3,2	3,53
3,75	4,15	4,25	4,6	4,95	4,96	5	5,28	5,7
5,92	5,99	6,09	6,1	6,13	6,36	6,5	6,92	8,95
9,27	10,42	12,07	12,45	12,55	13,22	13,27	13,38	16,07

Dezimalbrüche addieren und subtrahieren

3,05

Zur Kontrolle: Unten auf der Seite findest du alle Lösungen. Vergleiche.

1

0,1	+	0,2	+	0,01	=	
+		+		+		+
2	+	1,02	+	0,5	=	
+		+		+		+
2,8	+	2,4	+	0,4	=	
=		=		=		=
	+		+		=	

2

1,2	+	0,8	+	2,2	=	
+		+		+		+
2	+	0,12	+	0,8	=	
+		+		+		+
0,1	+	2,08	+	2,9	=	
=		=		=		=
	+		+		=	

3

0,22	+	0,23	+	2	=	
+		+		+		+
1,12	+	0,7	+	1,3	=	
+		+		+		+
0,12	+	2	+	1,04	=	
=		=		=		=
	+		+		=	

4

30,2	–	8,4	–	8	=	
–		–		–		–
9	–	0,4	–	0,25	=	
–		–		–		–
14	–	1,6	–	7,6	=	
=		=		=		=
	–		–		=	

5

15	–	4,4	–	4	=	
–		–		–		–
3,1	–	0,1	–	1	=	
–		–		–		–
2,5	–	0,04	–	0,2	=	
=		=		=		=
	–		–		=	

6

24	–	12	–	9,9	=	
–		–		–		–
3,2	–	2,5	–	0,1	=	
–		–		–		–
13	–	9,02	–	3	=	
=		=		=		=
	–		–		=	

0,15	0,31	0,48	0,52	0,6	0,65	0,91
0,98	1,46	2	2,1	2,26	2,34	2,45
2,8	2,92	2,93	3	3,12	3,16	3,3
3,52	3,62	4,2	4,26	4,34	4,8	4,9
5,08	5,6	5,9	6,4	6,6	6,8	7,2
7,8	8,35	8,73	9,4	9,43	12,2	13,8

Brutto, Tara, Netto

Netto ist das Gewicht ohne Verpackung. **Tara** ist das Gewicht der Verpackung.

Netto + Tara = Brutto

Zur Kontrolle: Unten auf der Seite findest du alle Lösungen. Vergleiche.

1

Netto	5,6 kg	1,8 kg	12,5 kg	1,625 kg
Tara	1,25 kg	0,75 kg	0,6 kg	0,125 kg
Brutto	___ kg	___ kg	___ kg	___ kg

2

Netto	___ kg	___ kg	___ kg	___ kg
Tara	1,15 kg	0,9 kg	0,75 kg	2,4 kg
Brutto	14,15 kg	8,15 kg	6,55 kg	13,05 kg

3

Netto	0,95 kg	6,8 kg	9,15 kg	12,2 kg
Tara	___ kg	___ kg	___ kg	___ kg
Brutto	1,03 kg	8,4 kg	10,33 kg	12,8 kg

4

Netto	4,25 kg	___ kg	7,12 kg	9,14 kg
Tara	1,05 kg	2,4 kg	1,2 kg	___ kg
Brutto	___ kg	15,25 kg	___ kg	10,28 kg

5

Netto	___ kg	18 kg	4,75 kg	___ kg
Tara	0,25 kg	___ kg	1,12 kg	0,08 kg
Brutto	3,75 kg	20,1 kg	___ kg	1 kg

0,08	0,6	0,92	1,14	1,18	1,6	1,75	2,1	2,55	3,5
5,3	5,8	5,87	6,85	7,25	8,32	10,65	12,85	13	13,1

Gewinn und Verlust

3,05

Verkaufspreis – Einkaufspreis – Kosten = Gewinn oder Verlust

Gewinn: + vor der Zahl
Verlust: – vor der Zahl

Zur Kontrolle: Die Lösungen findest du unten auf der Seite. Vergleiche.

1

Verkaufspreis	25 €	51,20 €	46 €	17 €
Einkaufspreis	20,25 €	40,20 €	35,12 €	15,90 €
Kosten	1,28 €	9,80 €	12,25 €	1,25 €
Gewinn / Verlust	€	€	€	€

2

Verkaufspreis	40,35 €	29 €	15,25 €	90,13 €
Einkaufspreis	€	€	€	€
Kosten	2,25 €	1,35 €	0,16 €	12,68 €
Gewinn / Verlust	+3,10 €	–0,70 €	+1,39 €	+6,46 €

3

Verkaufspreis	40 €	33,25 €	18,99 €	72,99 €
Einkaufspreis	34,25 €	22,75 €	19,99 €	50 €
Kosten	€	€	€	€
Gewinn / Verlust	+4,25 €	+5,95 €	–3,48 €	+11,19 €

4

Verkaufspreis	€	€	€	€
Einkaufspreis	1,75 €	90,78 €	1,85 €	40,19 €
Kosten	0,15 €	21,22 €	0,22 €	1,32 €
Gewinn / Verlust	+0,20 €	–27,00 €	–0,28 €	+0,49 €

–1,37	–0,15	+1,20	+1,50	+1,79	+2,10	+2,48	+3,47
+4,55	+11,80	+13,70	+28,35	+35,00	+42,00	+70,99	+85,00

Dezimalbrüche multiplizieren

In der Aufgabe:				**Im Ergebnis:**
Eine Stelle hinter dem Komma	1,2 · 14	=	16,8	Eine Stelle hinter dem Komma
Zwei Stellen hinter dem Komma	1,2 · 1,4	=	1,68	Zwei Stellen hinter dem Komma
Drei Stellen hinter dem Komma	1,2 · 0,14	=	0,168	Drei Stellen hinter dem Komma

Zur Kontrolle: Die Lösungen findest du unten auf der Seite. Streiche die Zahl dort durch, wenn du ein Ergebnis wiederfindest.

1. 20,5 · 3 =
2. 1,24 · 8 =
3. 7,04 · 6 =
4. 2,8 · 5 =
5. 0,74 · 7 =
6. 10,5 · 4 =
7. 3,36 · 8 =
8. 2,03 · 6 =
9. 8,25 · 8 =
10. 0,78 · 9 =
11. 4,8 · 7 =
12. 0,02 · 6 =
13. 2,7 · 1,2 =
14. 0,06 · 3,4 =
15. 10,2 · 0,4 =
16. 3,3 · 4,8 =
17. 20,4 · 0,5 =
18. 3,64 · 1,5 =
19. 6,4 · 0,8 =
20. 15,2 · 0,1 =
21. 0,75 · 4,9 =
22. 6,12 · 1,1 =
23. 2,8 · 0,4 =
24. 0,01 · 8,8 =
25. 2,38 · 1,22 =
26. 24,7 · 0,02 =
27. 0,15 · 0,14 =
28. 25,2 · 1,25 =
29. 1,86 · 4,21 =
30. 0,11 · 1,11 =
31. 7,25 · 1,4 =
32. 0,04 · 0,05 =
33. 2,34 · 1,5 =
34. 7,01 · 1,01 =
35. 2,55 · 40 =
36. 28 · 0,25 =

0,002	0,021	0,088	0,12	0,1221	0,204	0,494	1,12	1,52	2,9036	3,24	3,51
3,675	4,08	5,12	5,18	5,46	6,732	7	7,02	7,0801	7,8306	9,92	10,15
10,2	12,18	14	15,84	26,88	31,5	33,6	42	42,24	61,5	66	102

Dezimalbrüche multiplizieren

3,05

Drei Stellen hinter dem Komma
in der Aufgabe im Ergebnis

$1{,}32 \cdot 5{,}4 = 7{,}128$

Zur Kontrolle: Markiere die Felder mit den Lösungen mit einem Farbstift.

1. $0{,}5 \cdot 2{,}48 =$
2. $1{,}15 \cdot 18 =$
3. $5{,}4 \cdot 0{,}1 =$
4. $0{,}02 \cdot 1{,}6 =$
5. $7{,}2 \cdot 0{,}6 =$
6. $17{,}8 \cdot 0{,}4 =$
7. $0{,}03 \cdot 7 =$

1,05	1,24	12,3	115
0,21	2,04	2,34	20,7
0,032	0,3	3,28	30
0,4	0,42	4,32	44,4
0,54	5,04	5,1	5,85
0,06	6,24	6,72	6,8
0,708	7,12	7,28	72,4

8. $8{,}2 \cdot 1{,}5 =$
9. $200 \cdot 0{,}15 =$
10. $0{,}234 \cdot 25 =$
11. $0{,}7 \cdot 0{,}6 =$
12. $30 \cdot 0{,}002 =$
13. $5 \cdot 1{,}456 =$
14. $0{,}8 \cdot 8{,}5 =$

15. $0{,}2 \cdot 0{,}62 =$
16. $0{,}25 \cdot 1{,}2 =$
17. $0{,}6 \cdot 535 =$
18. $210 \cdot 0{,}6 =$
19. $1{,}9 \cdot 40 =$
20. $0{,}05 \cdot 11 =$
21. $2{,}5 \cdot 2{,}16 =$

0,124	1,26	12,3	126
0,206	2,04	205	220
0,3	3,15	3,6	321
0,42	4,2	4,26	48
0,55	5,4	50	546
6,06	6,6	6,8	68
0,72	0,75	7,8	76

22. $1{,}75 \cdot 1{,}8 =$
23. $14 \cdot 0{,}3 =$
24. $3{,}125 \cdot 16 =$
25. $0{,}48 \cdot 7{,}5 =$
26. $0{,}04 \cdot 18 =$
27. $14{,}2 \cdot 0{,}3 =$
28. $2{,}6 \cdot 210 =$

29. $25 \cdot 0{,}05 =$
30. $8{,}5 \cdot 0{,}4 =$
31. $8 \cdot 0{,}0525 =$
32. $7{,}2 \cdot 0{,}7 =$
33. $2{,}5 \cdot 2{,}76 =$
34. $5 \cdot 1{,}28 =$
35. $3 \cdot 0{,}113 =$

0,144	0,18	1,3	1,25
2,04	2,5	2,52	2,7
0,3	0,339	3,4	3,42
0,42	0,44	44	441
5,01	5,04	5,7	52
6,1	6,4	6,9	6,91
7,8	7,82	7,88	7,91

36. $0{,}036 \cdot 4 =$
37. $4 \cdot 0{,}625 =$
38. $12 \cdot 0{,}65 =$
39. $11{,}3 \cdot 0{,}7 =$
40. $0{,}6 \cdot 4{,}2 =$
41. $20 \cdot 0{,}285 =$
42. $8{,}82 \cdot 50 =$

Dezimalbrüche multiplizieren

Vier Stellen hinter dem Komma
in der Aufgabe im Ergebnis

$2{,}4 \cdot 1{,}836 = 4{,}4064$

Zur Kontrolle: Jeweils zwei Aufgaben haben das gleiche Ergebnis. Verbinde diese Aufgaben mit Bleistift und Lineal.

1

$2{,}4 \cdot 0{,}5 =$	◆	◆	$= 8 \cdot 0{,}15$
$40 \cdot 0{,}06 =$	◆	◆	$= 0{,}25 \cdot 9{,}6$
$1{,}44 \cdot 2{,}5 =$	◆	◆	$= 6{,}25 \cdot 0{,}4$
$1{,}6 \cdot 4{,}5 =$	◆	◆	$= 0{,}75 \cdot 8$
$1{,}25 \cdot 4{,}8 =$	◆	◆	$= 20 \cdot 0{,}36$
$0{,}05 \cdot 50 =$	◆	◆	$= 1{,}6 \cdot 2{,}25$

2

$0{,}08 \cdot 70 =$	◆	◆	$= 0{,}5 \cdot 2{,}5$
$0{,}03 \cdot 180 =$	◆	◆	$= 0{,}4 \cdot 0{,}625$
$0{,}3 \cdot 7{,}5 =$	◆	◆	$= 0{,}25 \cdot 9$
$0{,}005 \cdot 20 =$	◆	◆	$= 4 \cdot 0{,}025$
$10 \cdot 0{,}025 =$	◆	◆	$= 1{,}2 \cdot 4{,}5$
$0{,}025 \cdot 50 =$	◆	◆	$= 1{,}6 \cdot 3{,}5$

3

$0{,}6 \cdot 3 =$	◆	◆	$= 0{,}4 \cdot 0{,}5$
$0{,}8 \cdot 45 =$	◆	◆	$= 50 \cdot 0{,}4$
$25 \cdot 0{,}8 =$	◆	◆	$= 0{,}03 \cdot 1\,200$
$6 \cdot 0{,}75 =$	◆	◆	$= 18 \cdot 0{,}25$
$0{,}8 \cdot 0{,}25 =$	◆	◆	$= 0{,}03 \cdot 60$
$0{,}03 \cdot 90 =$	◆	◆	$= 30 \cdot 0{,}09$

Dezimalbrüche multiplizieren

3,05

Multipliziere die Zahlen miteinander.

Zur Kontrolle: Unten auf der Seite findest du alle Produkte. Vergleiche.

1

·	0,25	1,8	3,4
0,2			
3,5			
4			

2

·	20	0,5	5
0,02			
2,5			
8,2			

3

·	0,2	2,4	3,2
4			
1,5			
1,25			

4

·	0,12	2,25	0,4
0,8			
3,5			
16			

5

·	10	0,24	2,05
3,5			
4,4			
1,9			

6

·	1,25	3,3	0,02
6			
4			
0,4			

7

·	8	5,4	6
0,15			
0,75			
3,4			

8

·	1,75	0,5	0,25
0,1			
22			
6,4			

0,008	0,01	0,025	0,05	0,07	0,08	0,096	0,1	0,12
0,175	0,25	0,3	0,32	0,36	0,4	0,42	0,456	0,5
0,68	0,8	0,81	0,84	0,875	0,9	1	1,056	1,2
1,25	1,32	1,4	1,6	1,8	1,92	3	3,6	3,895
4	4,05	4,1	4,48	4,5	4,8	5	5,5	6
6,3	6,4	7,175	7,2	7,5	7,875	9,02	9,6	11,2
11,9	12,5	12,8	13,2	13,6	15,4	18,36	19	19,8
20,4	27,2	35	36	38,5	41	44	50	164

Dezimalbrüche dividieren

Dezimalbruch durch ganze Zahl	Dezimalbruch durch Dezimalbruch	Ganze Zahl durch Dezimalbruch
25,2 : 3 = ☐	2,28 : 1,9 = ☐	3 : 1,25 = ☐

Notiere die erste Zahl mit Komma.

3,0 : 1,25 = ☐

Im Divisor darf kein Komma stehen.
Verschiebe das Komma in beiden Zahlen um dieselbe Stellenzahl nach rechts.

22,8 : 19 = ☐   300,0 : 125 = ☐

Beachte: Wenn du beim Rechnen in der ersten Zahl das Komma überschreitest, musst du im Ergebnis ein Komma setzen.

```
25,2 : 3 = 8,4
24
 12
 12
  0
```

```
22,8 : 19 = 1,2
19
 38
 38
  0
```

```
300,0 : 125 = 2,4
250
 500
 500
   0
```

Zur Kontrolle: Markiere die Felder mit den Lösungen mit einem Farbstift.

1. 1,28 : 0,2 = ☐
2. 11,6 : 2 = ☐
3. 0,85 : 0,2 = ☐
4. 1,26 : 1,2 = ☐
5. 1,07 : 0,5 = ☐
6. 5,1 : 1,5 = ☐

1,05	1,2	1,62	1,9
2,1	2,14	2,7	2,8
3,02	3,2	3,4	3,52
4,2	4,25	4,9	4,99
5,3	5,42	5,8	5,9
6,1	6,12	6,3	6,4

7. 0,126 : 0,02 = ☐
8. 14,75 : 2,5 = ☐
9. 1,6 : 0,5 = ☐
10. 4,41 : 2,1 = ☐
11. 0,012 : 0,01 = ☐
12. 48,51 : 9,9 = ☐

13. 0,61 : 0,5 = ☐
14. 50,25 : 25 = ☐
15. 3,96 : 1,1 = ☐
16. 5,4 : 1,2 = ☐
17. 2,2 : 0,4 = ☐
18. 131 : 20 = ☐

1,07	1,22	1,4	1,8
2,01	2,1	2,4	2,75
3,5	3,6	3,75	3,8
4,2	4,25	4,5	4,9
5	5,3	5,32	5,5
6	6,1	6,55	6,75

19. 1,96 : 1,4 = ☐
20. 115,9 : 19 = ☐
21. 3 : 0,8 = ☐
22. 6,25 : 1,25 = ☐
23. 10,2 : 2,4 = ☐
24. 0,275 : 0,1 = ☐

Dezimalbrüche dividieren

3,05

Zur Kontrolle: Färbe die Felder mit den Lösungen mit einem Farbstift.

1. 9 : 4 =
2. 37 : 5 =
3. 0,56 : 0,5 =
4. 92,4 : 11 =
5. 0,86 : 0,1 =
6. 27 : 15 =

1,12	1,5	1,8
2,4	2,25	2,5
3,5	3,8	3,84
4,2	4,4	4,8
5,25	5,5	5,6
6,12	6,2	6,5
7,02	7,4	7,8
8,4	8,5	8,6

7. 0,95 : 0,25 =
8. 310 : 50 =
9. 1,26 : 0,3 =
10. 6,72 : 1,2 =
11. 3,96 : 0,9 =
12. 210 : 40 =

13. 12 : 8 =
14. 6,06 : 6 =
15. 0,363 : 0,3 =
16. 4,1 : 0,5 =
17. 144 : 20 =
18. 12,6 : 1,5 =

1,01	1,21	1,5
2,2	2,5	2,52
3,4	3,41	3,5
4,11	4,22	4,4
5,2	5,3	5,4
6,01	6,11	6,2
7,1	7,2	7,3
8,2	8,3	8,4

19. 207,5 : 25 =
20. 6,25 : 2,5 =
21. 0,682 : 0,2 =
22. 67,21 : 11 =
23. 208 : 40 =
24. 1,35 : 0,25 =

25. 66 : 55 =
26. 11 : 4,4 =
27. 2,22 : 0,6 =
28. 42,9 : 11 =
29. 43 : 5 =
30. 0,148 : 0,02 =

1,1	1,2	1,3
2,4	2,5	2,6
3,7	3,8	3,9
4,1	4,2	4,3
5,4	5,5	5,6
6,7	6,8	6,9
7,1	7,2	7,4
8,5	8,6	8,7

31. 142 : 20 =
32. 2,07 : 0,3 =
33. 80,4 : 12 =
34. 18 : 2,5 =
35. 40,8 : 6 =
36. 2,2 : 0,4 =

Dezimalbrüche dividieren

Zur Kontrolle: Jeweils zwei Aufgaben haben das gleiche Ergebnis. Verbinde diese Aufgaben mit Bleistift und Lineal.

1

7,2 : 0,8 = ____ ◆	◆ ____ = 3,75 : 1,5
8 : 1,6 = ____ ◆	◆ ____ = 20 : 50
50 : 2,5 = ____ ◆	◆ ____ = 0,03 : 0,02
36 : 24 = ____ ◆	◆ ____ = 5 : 0,25
1,6 : 4 = ____ ◆	◆ ____ = 0,55 : 0,11
20 : 8 = ____ ◆	◆ ____ = 22,5 : 2,5

2

0,444 : 0,4 = ____ ◆	◆ ____ = 3 : 0,25
9 : 15 = ____ ◆	◆ ____ = 10 : 8
0,225 : 0,3 = ____ ◆	◆ ____ = 15 : 50
0,6 : 0,05 = ____ ◆	◆ ____ = 33,3 : 30
5 : 4 = ____ ◆	◆ ____ = 1,44 : 2,4
0,27 : 0,9 = ____ ◆	◆ ____ = 0,825 : 1,1

3

22,5 : 1,5 = ____ ◆	◆ ____ = 2 : 8
24 : 0,8 = ____ ◆	◆ ____ = 72 : 2,4
4,2 : 1,2 = ____ ◆	◆ ____ = 0,7 : 0,2
1,76 : 1,1 = ____ ◆	◆ ____ = 0,4 : 0,25
0,125 : 0,5 = ____ ◆	◆ ____ = 6 : 0,4
0,15 : 1,2 = ____ ◆	◆ ____ = 2,5 : 20

Dezimalbrüche dividieren

3,05

Dividiere jede der drei untereinanderstehenden Zahlen durch jede der drei nebeneinander stehenden Zahlen.

Zur Kontrolle: Unten auf der Seite findest du alle Ergebnisse. Vergleiche.

1

:	0,2	20	0,02
15			
25			
5			

5

:	2,5	25	0,25
0,1			
3,5			
1,4			

2

:	1,6	16	0,16
28			
6			
10			

6

:	400	4	40
90			
0,4			
54			

3

:	0,5	50	0,05
40			
1			
30			

7

:	3	0,3	30
3,6			
6,3			
1,5			

4

:	0,12	120	1,2
54			
78			
36			

8

:	3,2	320	32
22,4			
35,2			
7,04			

0,001	0,004	0,01	0,02	0,022	0,04	0,05	0,056	0,07
0,1	0,11	0,12	0,135	0,14	0,21	0,22	0,225	0,25
0,3	0,375	0,4	0,45	0,5	0,56	0,6	0,625	0,65
0,7	0,75	0,8	1,1	1,2	1,25	1,35	1,4	1,75
2	2,1	2,2	2,25	3,75	5	5,6	6,25	7
11	12	13,5	14	17,5	20	21	22,5	25
30	37,5	45	60	62,5	65	75	80	125
175	250	300	450	600	650	750	800	1 250

Umdrehungen berechnen

Ein Rad dreht sich in 1 Minute 3-mal.

Wie oft dreht sich das Rad in 5 Minuten?

$$3 \cdot 5 = 15$$

Das Rad dreht sich in 5 Minuten 15-mal.

Ein Rad dreht sich in 4 Minuten 12-mal.

Wie oft dreht sich das Rad in 1 Minute?

$$12 : 4 = 3$$

Das Rad dreht sich in 1 Minute 3-mal.

Zur Kontrolle: Die Lösungen findest du unten auf der Seite. Vergleiche.

1

Anzahl der Umdrehungen in 1 Minute	2,8	2,4	1,25	7,5	1,2	0,4
Anzahl der Umdrehungen in 8 Minuten						

2

Anzahl der Umdrehungen in 1 Minute	2,2	7	0,4	0,8	6	2,8
Anzahl der Umdrehungen in 3,5 Minuten						

3

Anzahl der Umdrehungen in 4 Minuten	14	6	1,2	5,2	2,8	22
Anzahl der Umdrehungen in 1 Minute						

4

Anzahl der Umdrehungen in 2,5 Minuten	40	2,5	12	0,5	30	4,5
Anzahl der Umdrehungen in 1 Minute						

5

Anzahl der Umdrehungen in 1,5 Minuten	30	36	1,8	5,4	9	6,3
Anzahl der Umdrehungen in 1 Minute						

0,2	0,3	0,7	1	1,2	1,3	1,4	1,5	1,8	2,8
3,2	3,5	3,6	4,2	4,8	5,5	6	7,7	9,6	9,8
10	12	16	19,2	20	21	22,4	24	24,5	60

Waren und Preise

3,05

1 kg einer Ware kostet 5 €.
4 kg der Ware kosten ___ €.
4 kg der Ware kosten 5 € · 4.
4 kg der Ware kosten 20 €.

6 kg einer Ware kosten 24 €.
1 kg der Ware kostet ___ €.
1 kg der Ware kostet 24 € : 6.
1 kg der Ware kostet 4 €.

Zur Kontrolle: Die Lösungen findest du unten auf der Seite. Vergleiche.

1

1 kg einer Ware kostet	1,50 €	3,60 €	0,25 €	6,40 €
Berechne den Preis für 5 kg der Ware.	___ €	___ €	___ €	___ €

2

1 kg einer Ware kostet	11 €	1,40 €	2,50 €	7 €
Berechne den Preis für 1,8 kg der Ware.	___ €	___ €	___ €	___ €

3

4 kg einer Ware kosten	6 €	2,80 €	25 €	1,80 €
Berechne den Preis für 1 kg der Ware.	___ €	___ €	___ €	___ €

4

2,5 kg einer Ware kosten	4 €	1,25 €	4,40 €	7,50 €
Berechne den Preis für 1 kg der Ware.	___ €	___ €	___ €	___ €

5

1,25 kg einer Ware kosten	8 €	3,50 €	0,75 €	44 €
Berechne den Preis für 1 kg der Ware.	___ €	___ €	___ €	___ €

0,45	0,50	0,60	0,70	1,25	1,50	1,60	1,76	2,52	2,80
3,00	4,50	6,25	6,40	7,50	12,60	18,00	19,80	32,00	35,20

Den Durchschnitt berechnen

Das Diagramm zeigt die Umsätze eines Geschäftes in € für die Monate Januar, Februar, März und April.
Berechne den durchschnittlichen Umsatz pro Monat.

Berechne zuerst den Gesamtumsatz für die 4 Monate.
4 500 + 5 000 + 2 500 + 4 000 = 16 000
Dividiere die Summe durch die Anzahl der Monate.
16 000 : 4 = 4 000
Der durchschnittliche Umsatz pro Monat beträgt 4 000 €.

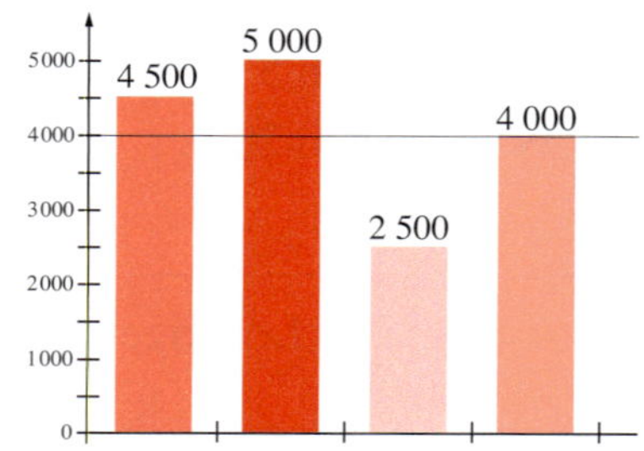

Berechne jeweils den Durchschnitt der Zahlen und zeichne den Durchschnitt als Gerade ein.

1

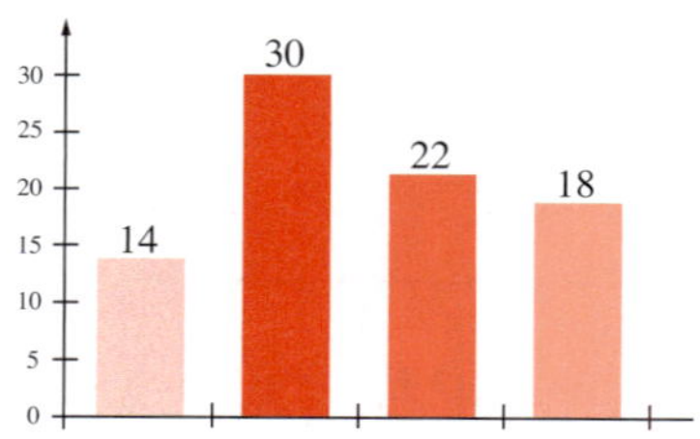

2

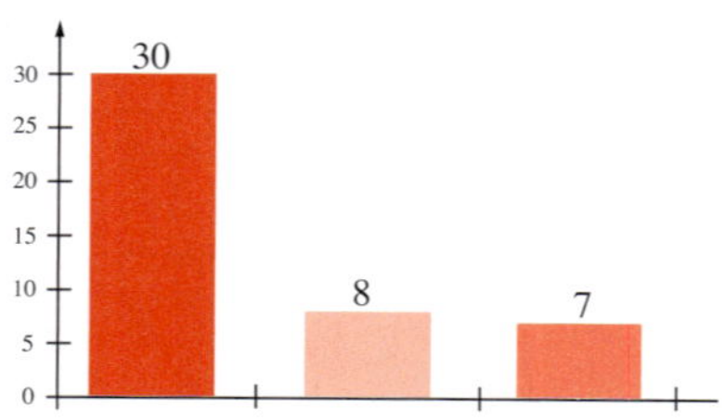

3

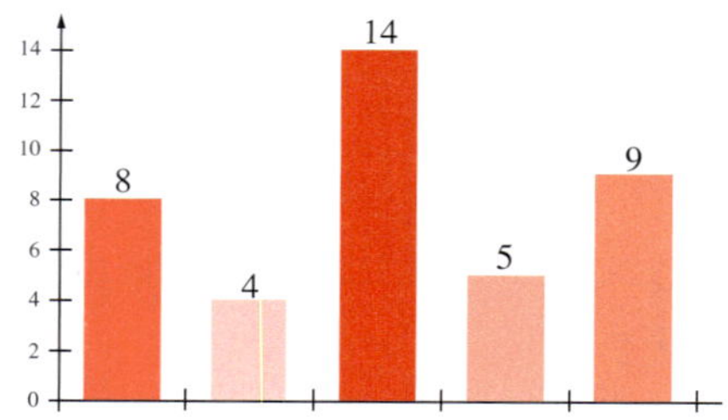

4

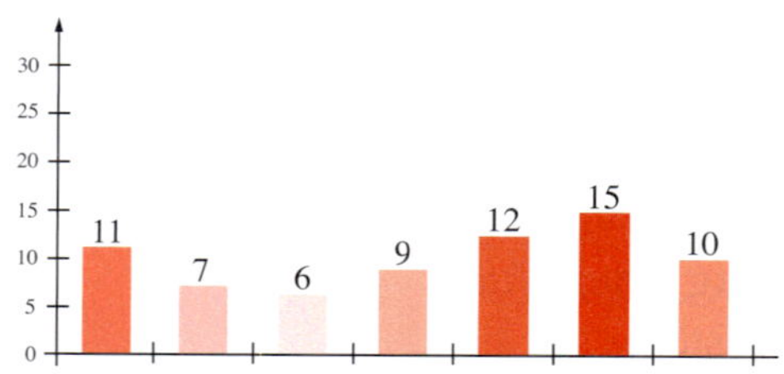

Berechne jeweils den Durchschnitt der drei untereinander stehenden Zahlen.

5

1. Zahl	7,5	12	8	18	1,5	0,25
2. Zahl	15,5	1,25	0,3	36	12,5	30
3. Zahl	52	7	0,4	1,2	1,9	4,7
Durchschnitt						

6

1. Zahl	7	6,1	4,2	50	6	44
2. Zahl	2,4	7,1	27	0,2	28	1,65
3. Zahl	3,5	8,1	1,8	0,5	0,2	10
Durchschnitt						

2,9	4,3	5,3	6,75	7,1	8	10	11
11,4	11,65	15	16,9	18,4	18,55	21	25

Textaufgaben

3,05

Zur Kontrolle: Die Lösungszahlen findest du unten auf der Seite. Trage darunter jeweils die entsprechenden Aufgabennummern ein.

1 Im Supermarkt kosten 5 kg Äpfel 7,25 €.
Wie viel € kostet 1 kg Äpfel?

2 Wie viel € kostet 1 kg Vorstreichfarbe, wenn 1,8 kg Vorstreichfarbe 6,03 € kosten?

3 345 kg Fischfilet werden in Portionen zu jeweils 1,5 kg aufgeteilt.
Berechne die Anzahl der Portionen.

4 1 kg Kartoffeln kostet 1,65 €.
Wie viel € kosten 3,4 kg Kartoffeln?

5 2,4 kg Orangen kosten 3,72 €.
Berechne den Kilopreis.

6 Am Jahresende wird die Klassenkasse aufgelöst. 224,10 € werden auf 27 Schüler aufgeteilt.
Wie viel € erhält jeder Schüler?

7 Ein Paar Strümpfe kostet 4,20 €, ein Hemd kostet 41 €, ein T-Shirt kostet 15,90 € und ein Unterhemd kostet 9,25 €.
Beim Einkauf gibt der Händler 8,35 € Preisnachlass auf die Gesamtsumme.
Wie viel € sind zu zahlen?

8 Ein Gewinn von 492 € wird zu gleichen Teilen an 5 Spieler verteilt.
Wie viel € erhält jeder Spieler?

9 Die Kosten in Höhe von 100,80 € für eine Busfahrt zum Zoo werden auf 21 Schüler aufgeteilt.
Wie viel € muss jeder Schüler bezahlen?

10 Ein Lieferwagen darf 1,5 Tonnen zuladen.
Wie viele Kisten mit einem Gewicht von jeweils 21 kg dürfen höchstens geladen werden?

11 Die Förderleistung der Pumpe eines Tanklastwagens beträgt 240 Liter pro Minute.
Wie viele Minuten dauert es, bis ein Tank mit einem Fassungsvermögen von 3 000 Litern voll ist?

12 Herr Toblas zahlt einen Kredit in Höhe von 1 146 € in 12 Monatsraten zurück.
Wie viel € muss er jeden Monat zurück zahlen?

13 Der Stundenlohn eines Arbeiters beträgt 21,20 €. Er arbeitet 37,5 Stunden pro Woche.
Berechne den Wochenlohn.

14 Ein Fahrradfahrer fährt mit einer Geschwindigkeit von 18 km pro Stunde.
Wie viel Kilometer legt er in einer Minute zurück?

15 Ein Liter Benzin kostet 1,65 €.
Wie viel € kostet eine Tankfüllung von 42 Litern?

16 Ein Lastwagenfahrer hat für 125 Liter Dieselkraftstoff 92,50 € bezahlt.
Berechne den Preis pro Liter.

17 Eine Flasche Mineralwasser kostet 55 Cent.
Wie viel € kostet ein Kasten mit 12 Flaschen, wenn zusätzlich 6,60 € Pfand gezahlt werden müssen?

18 Ein Händler liefert 7,2 kg Heringe (Kilopreis 3,50 €), 4 kg Seelachs (Kilopreis 5,35 €) und 2,5 kg Rotbarsch (Kilopreis 11,04 €) an eine Betriebskantine.
Wie viel € kostet die Lieferung?

0,3	0,74	1,45	1,55	3,35	4,8	5,61	8,3	12,5	13,2	62	71	69,3	74,2	95,5	98,4	230	795

Proportionale Zuordnungen

2 kg einer Ware kosten 8 €. Wie viel € kosten 1 kg (5 kg, 9 kg) der Ware?

: 2 · 5 · 9

Gewicht der Ware	2 kg	1 kg	5 kg	9 kg
Preis der Ware	8 €	4 €	20 €	36 €

: 2 · 5 · 9

die Hälfte des Gewichtes ←→ die Hälfte des Preises
das Fünffache des Gewichtes ←→ das Fünffache des Preises
das Neunfache des Gewichtes ←→ das Neunfache des Preises

Die Zuordnung ist proportional.

Zur Kontrolle: Unten auf der Seite findest du alle Lösungen. Vergleiche.

1

Gewicht der Ware	4 kg	1 kg	6 kg	10 kg
Preis der Ware	10 €	€	€	€

2

Gewicht der Ware	6 kg	1 kg	11 kg	15 kg
Preis der Ware	9 €	€	€	€

3

Gewicht der Ware	10 kg	1 kg	3 kg	8 kg
Preis der Ware	8 €	€	€	€

4

Gewicht der Ware	12 kg	1 kg	5 kg	7 kg
Preis der Ware	3 €	€	€	€

0,25 €	0,80 €	1,25 €	1,50 €	1,75 €	2,40 €
2,50 €	6,40 €	15,00 €	16,50 €	22,50 €	25,00 €

Proportionale Zuordnungen

Zur Kontrolle: Unten auf der Seite findest du alle Lösungen. Vergleiche.

1

Gewicht der Ware	4 kg	1 kg	kg	1,2 kg
Preis der Ware	25 €	€	1 €	€

2

Gewicht der Ware	0,8 kg	kg	1 kg	kg
Preis der Ware	20 €	1 €	€	32 €

3

Gewicht der Ware	0,25 kg	1 kg	kg	0,1 kg
Preis der Ware	25 €	€	1 €	€

4

Gewicht der Ware	7,2 kg	kg	1 kg	kg
Preis der Ware	9 €	1 €	€	75 €

5

Gewicht der Ware	0,4 kg	1 kg	kg	7 kg
Preis der Ware	5 €	€	1 €	€

6

Gewicht der Ware	2,5 kg	kg	1 kg	kg
Preis der Ware	1,25 €	1 €	€	1,20 €

7

Gewicht der Ware	1,6 kg	1 kg	kg	9 kg
Preis der Ware	0,40 €	€	1 €	€

0,01	0,04	0,08	0,16	0,25	0,5	0,8
1,25	1,28	2	2,25	2,4	4	6,25
7,5	10	12,5	25	60	87,5	100

Proportionale Zuordnungen

5 kg einer Ware kosten	35 €
1 kg der Ware kostet	7 €
3 kg der Ware kosten	21 €

(: 5 ; · 3)

Zur Kontrolle: Unten auf der Seite findest du alle Lösungen. Vergleiche.

1

Das ist der Preis für 4 kg einer Ware.	10 €	12 €	25 €	19 €
Berechne den Preis für 1 kg der Ware.	€	€	€	€
Berechne den Preis für 7 kg der Ware.	€	€	€	€

2

Das ist der Preis für 8 kg einer Ware.	24,80 €	2,40 €	3,52 €	16,40 €
Berechne den Preis für 1 kg der Ware.	€	€	€	€
Berechne den Preis für 3 kg der Ware.	€	€	€	€

3

Das ist der Preis für 6 kg einer Ware.	11,70 €	8,10 €	3,30 €	36,60 €
Berechne den Preis für 1 kg der Ware.	€	€	€	€
Berechne den Preis für 5 kg der Ware.	€	€	€	€

0,30 €	0,44 €	0,55 €	0,90 €	1,32 €	1,35 €	1,95 €	2,05 €
2,50 €	2,75 €	3,00 €	3,10 €	4,75 €	6,10 €	6,15 €	6,25 €
6,75 €	9,30 €	9,75 €	17,50 €	21,00 €	30,50 €	33,25 €	43,75 €

Proportionale Zuordnungen

Zur Kontrolle: Unten auf der Seite findest du alle Lösungen. Vergleiche.

1

Das ist der Preis für 4 kg einer Ware.	9 €	€	15 €	€
Berechne den Preis für 1 kg der Ware.	€	0,40 €	€	0,65 €
Berechne den Preis für 15 kg der Ware.	€	€	€	€

2

Das ist der Preis für 2,5 kg einer Ware.	1,50 €	€	0,40 €	€
Berechne den Preis für 1 kg der Ware.	€	€	€	€
Berechne den Preis für 8 kg der Ware.	€	5,76 €	€	11,20 €

3

Das ist der Preis für 0,5 kg einer Ware.	€	€	€	€
Berechne den Preis für 1 kg der Ware.	€	4,40 €	€	1,40 €
Berechne den Preis für 3,2 kg der Ware.	2,56 €	€	8 €	€

4

Das ist der Preis für 1,5 kg einer Ware.	€	1,80 €	€	€
Berechne den Preis für 1 kg der Ware.	14 €	€	10 €	€
Berechne den Preis für 0,2 kg der Ware.	€	€	€	4 €

0,16 €	0,24 €	0,40 €	0,60 €	0,70 €	0,72 €	0,80 €	1,20 €
1,25 €	1,28 €	1,40 €	1,60 €	1,80 €	2,00 €	2,20 €	2,25 €
2,50 €	2,60 €	2,80 €	3,50 €	3,75 €	4,48 €	4,80 €	6,00 €
9,75 €	14,08 €	15,00 €	20,00 €	21,00 €	30,00 €	33,75 €	56,25 €

Proportionale Zuordnungen

5 kg einer Ware kosten 45 €. Wie viel kosten 2 kg der Ware?

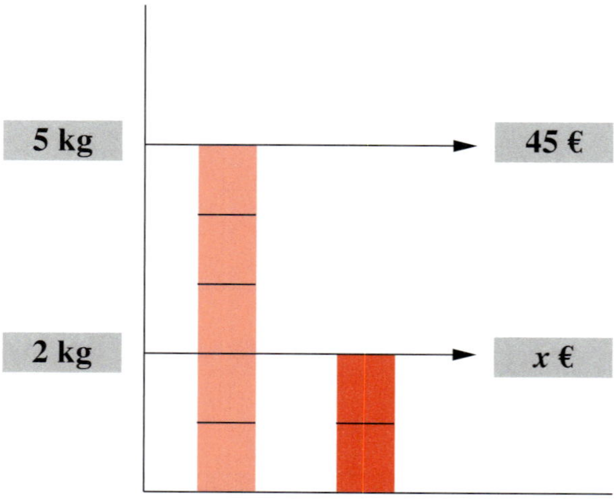

Paare

Schreibe gleiche Maßeinheiten untereinander.

5 kg	45 €
2 kg	x €

Dreisatz

: 5 ↓	5 kg	45 €	↓ : 5 · 2
· 2 ↓	1 kg		
	2 kg	x €	

45 € : 5 · 2 = 18 €

2 kg der Ware kosten 18 €.

Zur Kontrolle: Die Quersumme der Lösung steht jeweils in der Klammer.

1 6 kg einer Ware kosten 5,40 €.
Wie viel € kosten 8 kg der Ware? (9)

Paare

____ kg	____ €
____ kg	____ €

Dreisatz

: ___ ↓	____ kg	____ €	↓ : ___ · ___
· ___ ↓	____ kg		
	____ kg	x €	

________ € : _____ · _____ = ______ €

Antwortsatz: ______________________________

____

2 Für 2,50 € erhält man 9 kg einer Ware.
Wie viel kg der Ware erhält man für 4 €? (9)

Paare

____ €	____ kg
____ €	____ kg

Dreisatz

: ___ ↓	____ €	____ kg	↓ : ___ · ___
· ___ ↓	____ €		
	____ €	x kg	

________ kg : _____ · _____ = ______ kg

Antwortsatz: ______________________________

____

3 20 m^2 Teppichboden kosten 350 €. Wie viel € kosten 18 m^2 des Teppichbodens? (9)

4 Frau Hinz zahlt für 14 Liter Benzin 16,10 €.
Herr Kunz tankt 34 Liter Benzin.
Wie viel € muss Herr Kunz zahlen? (13)

5 Ein Rad dreht sich in 40 Sekunden 25-mal.
Wie oft dreht sich das Rad in 32 Sekunden? (2)

6 24 Eisenkugeln wiegen 15 kg.
Berechne das Gewicht von 20 gleich großen Eisenkugeln. (8)

Proportionale Zuordnungen

8 kg einer Ware kosten 5 €. Wie viel kg der Ware erhält man für 3 €?

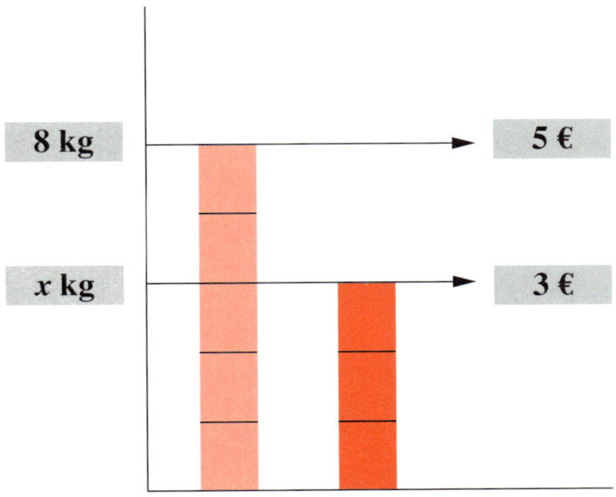

Paare

Schreibe gleiche Maßeinheiten untereinander.

8 kg	5 €
x kg	3 €

Dreisatz

: 5 ↓	5 €	8 kg	↓ : 5 · 3
· 3 ↓	1 €		
	3 €	x kg	

8 kg : 5 · 3 = 4,8 kg

Für 3 € erhält man 4,8 kg der Ware.

Zur Kontrolle: Die Quersumme der Lösung steht jeweils in der Klammer.

1 8 kg einer Ware kosten 1,60 €.
Wie viel kg der Ware erhält man für 21 €? (6)

Paare

____ kg	____ €
____ kg	____ €

Dreisatz

: ____ ↓	____ €	____ kg	↓ : ____ · ____
· ____ ↓	____ €		
	____ €	____ x kg	

______ kg : ______ · ______ = ______ kg

Antwortsatz: ____________________________________

____

2 Für 9 € erhält man 6 kg einer Ware.
Wie viel € kosten 14 kg der Ware? (3)

Paare

____ €	____ kg
____ €	____ kg

Dreisatz

: ____ ↓	____ kg	____ €	↓ : ____ · ____
· ____ ↓	____ kg		
	____ kg	____ x €	

______ € : ______ · ______ = ______ €

Antwortsatz: ____________________________________

____

3 25 m^2 Teppichboden kosten 375 €. Wie viel Quadratmeter erhält man für 420 €? (10)

4 Frau Hinz zahlt für 30 Liter Benzin 34,50 €. Herr Kunz zahlt 46 €. Wie viel Liter Benzin hat Herr Kunz getankt? (4)

5 Ein Rad dreht sich in 16 Sekunden 20-mal. Wie viele Sekunden braucht das Rad für 35 Umdrehungen? (10)

6 180 Eisenkugeln wiegen 15 kg. Wie viele gleich große Kugeln wiegen 8 kg? (15)

Wie viel kg einer Ware erhält man für 6 €, wenn 20 kg der Ware 5 € kosten?

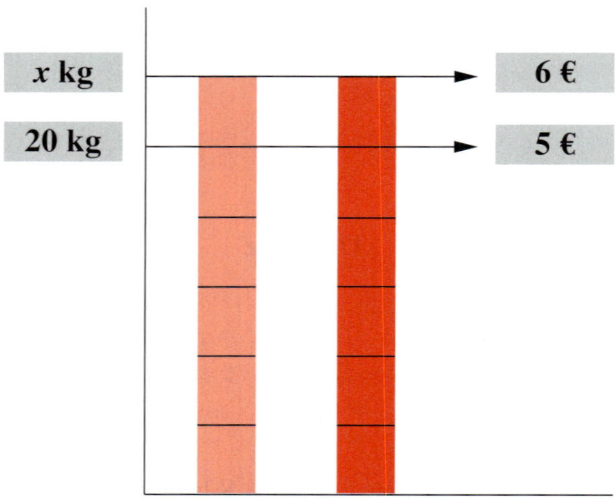

Paare

Schreibe gleiche Maßeinheiten untereinander.

x kg	6 €
20 kg	5 €

Dreisatz

	5 €	20 kg	
: 5 ↓	1 €		↓ : 5 · 6
· 6 ↓	6 €	x kg	

$20 \text{ kg} : 5 \cdot 6 = 24 \text{ kg}$

Für 6 € erhält man 24 kg der Ware.

Zur Kontrolle: Die Quersumme der Lösung steht jeweils in der Klammer.

1 Wie viel € kosten 12 kg einer Ware, wenn 9 kg der Ware 7,20 € kosten? (15)

Paare

____ €	____ kg
____ €	____ kg

Dreisatz

	____ kg	____ €	
: ____ ↓	____ kg		↓ : ____ · ____
· ____ ↓	____ kg	x €	

____ € : ____ · ____ = ____ €

Antwortsatz: ________________________________

____

2 Wie viel kg einer Ware erhält man für 8 €, wenn 4 kg der Ware 5 € kosten? (10)

Paare

____ kg	____ €
____ kg	____ €

Dreisatz

	____ €	____ kg	
: ____ ↓	____ €		↓ : ____ · ____
· ____ ↓	____ €	x kg	

____ kg : ____ · ____ = ____ kg

Antwortsatz: ________________________________

____

3 Wie viel Quadratmeter Teppichboden erhält man für 850 €, wenn 60 m^2 des Teppichbodens 1 500 € kosten? (7)

4 Wie viel € zahlt Frau Hinz für 25 Liter Benzin, wenn Herr Kunz für 40 Liter Benzin 44,80 € bezahlt? (10)

5 Wie oft dreht sich ein Rad in 40 Sekunden, wenn sich das Rad in 15 Sekunden 6-mal dreht? (7)

6 Wie viele Eisenkugeln wiegen 20 kg, wenn 9 gleich große Eisenkugeln 12 kg wiegen? (6)

Proportionale Zuordnungen

Zur Kontrolle: Unten auf der Seite findest du alle Lösungen. Trage darunter die Aufgabennummern ein.

1 6 kg einer Ware kosten 2,25 €.
Wie viel € kosten 14 kg der Ware?

Paare: $\frac{2{,}25\text{ €}}{x\text{ €}}$ $\frac{6\text{ kg}}{14\text{ kg}}$

2 Wie viel kg einer Ware erhält man für 24 €, wenn 18 kg der Ware 4,50 € kosten?

Paare: $\frac{x\text{ kg}}{18\text{ kg}}$ $\frac{24\text{ €}}{4{,}50\text{ €}}$

3 500 g einer Ware kosten 8 €. Wie viel Gramm der Ware erhält man für 14 €?

Paare: $\frac{500\text{ g}}{x\text{ g}}$ $\frac{8\text{ €}}{14\text{ €}}$

Notiere jetzt immer zuerst die Paare.
Schreibe gleiche Maßeinheiten untereinander.

4 Ein Radfahrer fährt von Bergheim nach Oberdorf. Die beiden Orte liegen 5 km voneinander entfernt. Der Radfahrer legt die Strecke in 20 Minuten zurück.
Wie viel Kilometer legt er in 14 Minuten zurück?

Paare: ______ ______

______ ______

5 Für eine 72 m^2 große Wohnung zahlt Familie Meißner 450 € Miete. Familie Bauer zahlt bei gleichem Quadratmeterpreis 425 €.
Wie groß ist die Wohnung von Familie Bauer?

Paare: ______ ______

______ ______

6 Ein PKW verbraucht auf einer 60 km langen Strecke 4,5 Liter Benzin.
Wie viel Liter verbraucht das Auto auf einer Strecke von 100 km?

Paare: ______ ______

______ ______

7 Frau Schmidt kauft 6 m Kleiderstoff. Sie bezahlt 24 €. Frau Schneider kauft für 40 € vom gleichen Stoffballen ein.
Wie viel Meter Stoff hat Frau Schneider gekauft?

Paare: ______ ______

______ ______

8 Ein Auto legt in 30 Minuten 18 km zurück. Welche Strecke legt das Auto bei gleicher Geschwindigkeit in 25 Minuten zurück?

Paare: ______ ______

______ ______

9 In 2 kg einer Farbmischung sind 300 g rote Farbe enthalten.
Wie viel Gramm rote Farbe sind in 9 kg der Farbmischung enthalten?

Paare: ______ ______

______ ______

10 Wie schwer ist eine 0,80 m lange Eisenstange, wenn eine 2,50 m lange Eisenstange 5 kg wiegt?

Paare: ______ ______

______ ______

1,6	3,5	5,25	7,5	10	15	68	96	875	1 350

Umgekehrt proportionale Zuordnungen

Wenn täglich 2 kg eines Futtervorrates verbraucht werden, reicht der Vorrat 6 Tage.
Wie viele Tage reicht der Vorrat, wenn täglich 1 kg (3 kg, 4 kg) verbraucht werden?

: 2 · 3 · 4

täglicher Verbrauch	2 kg	1 kg	3 kg	4 kg
Anzahl der Tage	6 Tage	12 Tage	4 Tage	3 Tage

· 2 : 3 : 4

die Hälfte des täglichen Verbrauchs ⟷ das Doppelte der Zeit
das Fünffache des täglichen Verbrauchs ⟷ ein Fünftel der Zeit
das Vierfache des täglichen Verbrauchs ⟷ ein Viertel der Zeit

Die Zuordnung ist umgekehrt proportional.

Zur Kontrolle: Unten auf der Seite findest du alle Lösungen. Vergleiche.

1

täglicher Verbrauch	8 kg	1 kg	5 kg	20 kg
Anzahl der Tage	10 Tage	Tage	Tage	Tage

2

täglicher Verbrauch	24 kg	1 kg	9 kg	1,5 kg
Anzahl der Tage	3 Tage	Tage	Tage	Tage

3

täglicher Verbrauch	15 kg	1 kg	1,5 kg	8 kg
Anzahl der Tage	16 Tage	Tage	Tage	Tage

4

täglicher Verbrauch	21 kg	1 kg	0,5 kg	9 kg
Anzahl der Tage	12 Tage	Tage	Tage	Tage

4 Tage	8 Tage	16 Tage	28 Tage	30 Tage	48 Tage
72 Tage	80 Tage	160 Tage	240 Tage	252 Tage	504 Tage

Umgekehrt proportionale Zuordnungen

	2 Pumpen füllen ein Becken in	12 min	
: 2 ↓	1 Pumpe braucht	24 min	↓ · 2
· 3 ↓	3 Pumpen brauchen	8 min	↓ : 3

Zur Kontrolle: Unten auf der Seite findest du alle Lösungen. Vergleiche.

1

3 Pumpen füllen ein Becken in	60 min	15 min	45 min	30 min
1 Pumpe füllt das Becken in	___ min	___ min	___ min	___ min
5 Pumpen füllen das Becken in	___ min	___ min	___ min	___ min

2

4 Pumpen füllen ein Becken in	24 min	___ min	36 min	___ min
1 Pumpe füllt das Becken in	___ min	60 min	___ min	48 min
6 Pumpen füllen das Becken in	___ min	___ min	___ min	___ min

3

5 Pumpen füllen ein Becken in	16 min	___ min	40 min	___ min
1 Pumpe füllt das Becken in	___ min	___ min	___ min	___ min
4 Pumpen füllen das Becken in	___ min	125 min	___ min	75 min

8	9	10	12	15	16	18	20
24	27	36	45	50	60	80	90
96	100	135	144	180	200	300	500

Umgekehrt proportionale Zuordnungen

2 Personen teilen sich den Preis für ein Taxi. Jeder zahlt 6 €.
Wie viel € muss jeder zahlen, wenn sich 3 Personen den Fahrpreis teilen?

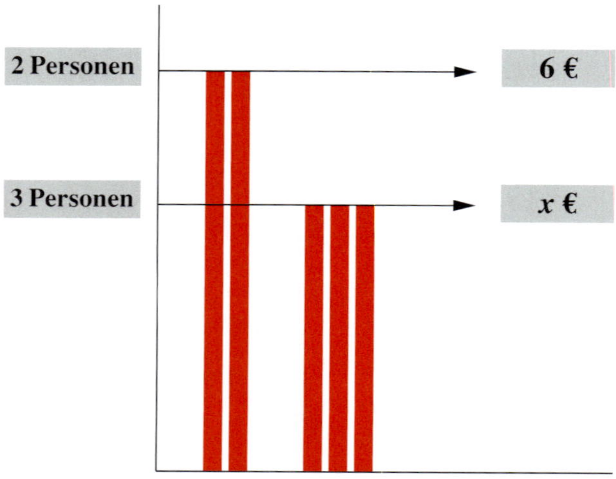

Paare

Schreibe gleiche Maßeinheiten untereinander.

2 P	6 €
3 P	x €

Dreisatz

: 2 ↓	2 P	6 €	↓ · 2 : 3
· 3 ↓	1 P		
	3 P	x €	

$6\text{ €} \cdot 2 : 3 = 4\text{ €}$

Jeder Fahrgast muss 4 € bezahlen.

Zur Kontrolle: Die Quersumme der Lösung steht jeweils in der Klammer.

1 5 Spieler teilen ein Gewinn. Jeder Spieler erhält 24 €. Wie viel € erhält jeder, wenn der Gewinn an 8 Personen verteilt wird? (6)

Paare

____ Sp	____ €
____ Sp	____ €

Dreisatz

: ___ ↓	____ Sp	____ €	↓ · ___ : ___
· ___ ↓	____ Sp		
	____ Sp	x €	

______ € · ____ : ____ = ______ €

Antwortsatz: ______________________________

____

2 Ein Holzstab wird in 6 Teile zerlegt. Jedes Stück ist 18 cm lang. Wie lang ist jedes Stück, wenn der Holzstab in 8 Stücke zersägt wird? (9)

Paare

____ T	____ cm
____ T	____ cm

Dreisatz

: ___ ↓	____ T	____ cm	↓ · ___ : ___
· ___ ↓	____ T		
	____ T	x cm	

______ cm · ____ : ____ = ______ cm

Antwortsatz: ______________________________

____

3 Ein Ölvorrat reicht bei einem täglichen Verbrauch von 14 Litern 32 Tage. Wie lange reicht der Vorrat bei einem täglichen Verbrauch von 8 Litern? (11)

4 5 Arbeiter streichen ein Haus in 12 Tagen. Wie viele Tage brauchen 4 Arbeiter? (6)

5 Der Inhalt von 15 Flaschen mit einem Inhalt von jeweils 0,5 Litern wird in 0,75-l-Flaschen umgefüllt. Wie viele 0,75-l-Flaschen werden benötigt? (1)

6 4 Pumpen füllen ein Becken in 54 Minuten. Wie viele Minuten brauchen 3 Pumpen? (9)

Umgekehrt proportionale Zuordnungen

Zur Kontrolle: Unten auf der Seite findest du alle Lösungen. Trage darunter die Aufgabennummern ein.

1 Eine Garageneinfahrt wird mit 72 Randsteinen befestigt. Jeder Randstein ist 21 cm lang. Wie viele Randsteine werden benötigt, wenn jeder Randstein 28 cm lang ist?

Paare: 72 Steine — 21 cm
x Steine — 28 cm

2 Eine Wand soll mit Brettern verkleidet werden. Wenn jedes Brett 16 cm breit ist, werden 36 Bretter benötigt. Wie viele Bretter werden benötigt, wenn jedes Brett 18 cm breit ist?

Paare: 16 cm — 36 Bretter
18 cm — x Bretter

Notiere jetzt immer zuerst die Paare.
Schreibe gleiche Maßeinheiten untereinander.

3 5 Arbeiter brauchen zum Ausbau eines Dachstuhls 14 Tage. Wie viele Arbeiter muss ein Unternehmer einsetzen, wenn der Dachstuhl bereits nach 10 Tagen fertiggestellt sein soll?

Paare: ______ ______
______ ______

4 Ein Rechteck ist 32 cm lang und 15 cm breit. Ein anderes Rechteck hat den gleichen Flächeninhalt. Eine Seite dieses Rechtecks ist 12 cm lang. Wie lang ist die andere Seite dieses Rechtecks?

Paare: ______ ______
______ ______

5 Ein Band wird in 21 Teile zerschnitten. Jedes Teil ist 18 cm lang. Wie lang ist jedes Teil, wenn das Band in 14 Teile zerschnitten wird?

Paare: ______ ______
______ ______

6 24 Schüler mieten einen Bus zu einem Festpreis. Jeder muss 4,50 € bezahlen. Wie viel € muss jeder bezahlen, wenn 27 Schüler mitfahren?

Paare: ______ ______
______ ______

7 Ein Ölvorrat reicht 30 Tage, wenn täglich 40 Liter Öl verbraucht werden. Wie viele Tage reicht der Vorrat, wenn täglich 25 Liter verbraucht werden?

Paare: ______ ______
______ ______

8 Ein Gewinn wird an 7 Spieler verteilt. Jeder erhält 54 €. Wie viel € bekommt jeder, wenn der Gewinn an 3 Spieler verteilt wird?

Paare: ______ ______
______ ______

9 Eine Terrasse kann mit 60 Platten zu je 0,3 m^2 ausgelegt werden. Wie viele jeweils 0,25 m^2 große Platten werden benötigt?

Paare: ______ ______
______ ______

10 15 Müllbehälter mit einem Fassungsvermögen von jeweils 70 Litern sollen durch 120-Liter-Behälter ersetzt werden. Wie viele der großen Behälter werden wenigstens benötigt?

Paare: ______ ______
______ ______

4	7	9	27	32	40	48	54	72	126

5 kg
x €

Proportional oder umgekehrt proportional

Für 12 € erhält man in einem Kaufhaus 5 kg einer Ware.
Wie viel € kosten 6 kg dieser Ware?

Zehn Tiere kommen auf einem Bauernhof mit einem Futtervorrat 12 Tage aus.
Wie lange reicht der Vorrat für 15 Tiere?

Notiere zuerst die Paare.

Paare

12 €	5 kg
x €	6 kg

Paare

10 Tiere	12 Tage
15 Tiere	x Tage

Notiere den Dreisatz.
Schreibe gleiche Einheiten untereinander.

Bestimme den Rechenweg.

Dreisatz

	5 kg	12 €
: 5 ↓	1 kg	
· 6 ↓	6 kg	x €

Rechenweg: $\xrightarrow{:5 \cdot 6}$

Dreisatz

	10 Tiere	12 Tage
: 10 ↓	1 Tier	
· 15 ↓	15 Tiere	x Tage

Rechenweg: $\xrightarrow{\cdot 10 : 15}$

Bestimme den Lösungsweg.

je mehr kg, desto mehr €
Die Zuordnung ist proportional.

Lösungsweg: $\xrightarrow{:5 \cdot 6}$

	5 kg	12 €	
: 5 ↓	1 kg		↓ : 5 · 6
· 6 ↓	6 kg	x €	

12 € : 5 · 6 = 14,40 €

je mehr Tiere, desto weniger Tage
Die Zuordnung ist umgekehrt proportional.

Lösungsweg: $\xrightarrow{\cdot 10 : 15}$

	10 Tiere	12 €	
: 10 ↓	1 Tier		↓ · 10 : 15
· 15 ↓	15 Tiere	x €	

12 Tage · 10 : 15 = 8 Tage

Notiere einen Antwortsatz.

6 kg der Ware kosten 14,40 €.

Der Vorrat reicht für 15 Tiere 8 Tage.

Proportional oder umgekehrt proportional

5 kg
x €

1. Notiere jeweils die Paare.
2. Übertrage die Paare in das Dreisatzschema.
3. Entscheide bei jeder Aufgabe: **proportional oder umgekehrt proportional**.
4. Bestimme den Lösungsweg.
5. Notiere einen Antwortsatz.

Zur Kontrolle: In der Klammer steht jeweils die Quersumme der Lösung.

1 5 kg einer Ware kosten 8 €.

a) Wie viel kosten 3 kg der Ware? (12)

Paare

______ ______

______ ______

Dreisatz

: ___ ↓ ______ ______ ↓ ______

· ___ ↓ ______

______ ______

Lösung: ______________________

Antwortsatz: ______________________

____

b) Wie viel kg der Ware erhält man für 20 €? (8)

Paare

______ ______

______ ______

Dreisatz

: ___ ↓ ______ ______ ↓ ______

· ___ ↓ ______

______ ______

Lösung: ______________________

Antwortsatz: ______________________

____

2 Ein Gewinn wird an 9 Personen verteilt. Jeder erhält 56 €.

a) Wie viel € erhält jeder, wenn der Gewinn an 6 Personen verteilt wird? (12)

Paare

______ ______

______ ______

Dreisatz

: ___ ↓ ______ ______ ↓ ______

· ___ ↓ ______

______ ______

Lösung: ______________________

Antwortsatz: ______________________

____

b) An wie viele Personen wird der Gewinn verteilt, wenn jeder 21 € bekommt? (6)

Paare

______ ______

______ ______

Dreisatz

: ___ ↓ ______ ______ ↓ ______

· ___ ↓ ______

______ ______

Lösung: ______________________

Antwortsatz: ______________________

____

Proportional oder umgekehrt proportional

1. Notiere jeweils die Paare.
2. Übertrage die Paare in das Dreisatzschema.
3. Entscheide bei jeder Aufgabe: **proportional oder umgekehrt proportional**.

Zur Kontrolle: Notiere unten auf der Seite die Aufgabennummern unter den Lösungen.

1 Zwölf Eier kosten 1,92 €.
Wie viel € kosten dann 30 Eier?

Paare: ________ ________

________ ________

2 Zum Streichen einer 6 m langen Wand braucht man 4,5 kg Farbe.
Wie viel kg der Farbe werden für eine 5 m lange Mauer gebraucht?

Paare: ________ ________

________ ________

3 Ein Gemüsebeet ist mit 30 Holzpfosten im Abstand von 1,80 m eingezäunt. In welchem Abstand müssen die Pfosten gesetzt werden, wenn nur 20 Pfosten zur Verfügung stehen?

Paare: ________ ________

________ ________

4 15 Personen mieten einen Bus zu einem Festpreis. Jeder muss 24 € bezahlen.
Wie viel € muss jeder bezahlen, wenn 18 Personen mitfahren?

Paare: ________ ________

________ ________

5 Eine Einfahrt kann von 5 Arbeitern in 6 Stunden gepflastert werden. Vor Beginn der Arbeit erkrankt ein Arbeiter.
Wie lange dauert es jetzt, bis die Einfahrt gepflastert ist?

Paare: ________ ________

________ ________

6 36 Photoabzüge kosten 16,20 €.
Wie viel € kosten 15 Abzüge?

Paare: ________ ________

________ ________

7 In einem Saal sind 28 Reihen mit jeweils 15 Stühlen aufgebaut.
Wie viele Reihen mit jeweils 14 Stühlen kann man aufbauen?

Paare: ________ ________

________ ________

8 Ein PKW verbraucht auf 100 km im Durchschnitt 8 Liter Benzin.
Wie weit reicht eine Tankfüllung von 42 Litern?

Paare: ________ ________

________ ________

9 In 4 Stunden können in einer Werkstatt 250 Bolzen hergestellt werden.
Wie viele Bolzen können in 6 Stunden hergestellt werden?

Paare: ________ ________

________ ________

10 Ein PKW braucht für die Strecke von Adorf nach Beheim 8 Minuten. Die beiden Orte sind 6 km voneinander entfernt.
Welche Entfernung legt das Auto bei gleicher Geschwindigkeit in 60 Minuten zurück?

Paare: ________ ________

________ ________

2,7	3,75	4,80	6,75	7,5	20	30	45	375	525

Proportional oder umgekehrt proportional

Zur Kontrolle: Trage unten auf der Seite unter den Lösungen die Aufgabennummern ein.

1. Wie viel kg einer Ware erhält man für 15 €, wenn 20 kg der Ware 12,50 € kosten?

2. Eine 4 m lange Metallleiste wiegt 3,2 kg. Wie schwer ist dann eine 2,50 m lange Metallleiste aus dem gleichen Material?

3. Ein Band wird in 16 Teile zerschnitten. Jedes Teil ist 2,1 cm lang. Wie lang ist jedes Teil, wenn das Band in 7 Teile zerschnitten wird?

4. 0,75 kg Farbe reichen zum Streichen einer 3 m^2 großen Fläche. Wie viel kg Farbe werden zum Streichen einer 5 m^2 großen Fläche benötigt?

5. In 3,2 kg einer Farbmischung sind 0,8 kg weiße Farbe enthalten. Wie viel kg weiße Farbe sind in 6 kg der Farbmischung enthalten?

6. Eine Rolle mit 400 m Elektrokabel kostet 500 €. Ein Handwerker berechnet 120 €. Wie viel Meter Kabel hat er berechnet?

7. Ein Heizölvorrat reicht 40 Tage, wenn täglich 18 Liter Öl verbraucht werden. Wie lange reicht der Vorrat, wenn täglich 15 Liter Öl verbraucht werden?

8. Eine Perlenkette hat 36 Perlen. Jede Perle hat einen Durchmesser von 1,5 cm. Wie viele Perlen mit einem Durchmesser von 0,9 cm passen auf eine gleich lange Kette?

9. 20 Liter Benzin kosten 21 €. Wie viel € kosten dann 26 Liter Benzin?

10. Ein 12 m langer Weg lässt sich mit 21 Randsteinen einseitig befestigen. Wie viele Steine benötigt man für einen 28 m langen Weg?

11. Auf einer Strecke von 40 km verbraucht ein Pkw 3 Liter Benzin. Wie viel Liter verbraucht der Pkw auf einer Strecke von 100 km?

12. Ein Schwungrad macht in 4 Sekunden 5 Umdrehungen. Wie oft dreht sich das Rad in 3 Minuten?

13. Der Inhalt von 30 Flaschen mit einem Fassungsvermögen von je 0,7 Litern wird in kleinere Flaschen mit einem Fassungsvermögen von je 0,5 Litern umgefüllt. Wie viele kleinere Flaschen werden benötigt?

14. Ein Lkw fährt auf der Autobahn in 2,5 Stunden 185 km weit. Wie viel Kilometer legt der Lkw bei gleicher Geschwindigkeit in 1,5 Stunden zurück?

15. Fünf Lkw mit einer Nutzlast von jeweils 7,5 t fahren Bauschutt ab. Sie müssen 8-mal fahren. Gleich zu Beginn fällt ein Lkw wegen eines Motorschadens aus. Wie oft müssen die verbliebenen vier Lkw jetzt fahren?

16. Drei Maurer können eine Wand in 7 Tagen errichten. Die Mauer soll in 2 Tagen fertiggestellt werden. Wie viele Arbeiter müssen dafür wenigstens eingesetzt werden?

17. Auf dem Markt müssen für 25 kg Kartoffeln 8 € bezahlt werden. Berechne den Preis für 40 kg Kartoffeln.

18. Frau Abels tankt an einer Tankstelle 25 Liter Benzin. Sie bezahlt dafür 27 €. Herr Bartel tankt an der gleichen Tankstelle für 21,60 € Benzin. Wie viel Liter Benzin hat Herr Bartel getankt?

1,25	1,5	2	4,8	7,5	10	11	12,8	20	24	27,3	42	48	49	60	96	111	225

Proportional oder umgekehrt proportional

Zur Kontrolle: Trage unten auf der Seite unter den Lösungen die Aufgabennummern ein.

1 4 m Kleiderstoff kostet 46 €.
Wie viel € kosten 5,20 m des Stoffes?

2 Für 3 Personen reicht ein Wasservorrat 6 Tage. Wie lange reicht dieser Vorrat für 2 Personen?

3 750 Gramm Schweinefilet kosten 13,50 €.
Berechne den Kilopreis?

4 2 kg Äpfel kosten 3,90 €. 10 Äpfel wiegen 1 600 Gramm.
Wie viel € kosten die 10 Äpfel?

5 Der Inhalt von 21 Flaschen Saft zu jeweils 2,5 Litern soll auf Flaschen zu jeweils 0,7 Litern Inhalt verteilt werden.
Wie viele kleine Flaschen werden benötigt?

6 Wie viele 15 cm lange Stäbe haben zusammen die gleiche Länge wie 12 Stäbe zu je 75 cm?

7 Eine Terrasse kann mit 90 Platten der Größe 1 600 cm^2 ausgelegt werden.
Wie viele Platten der Größe 2 000 cm^2 braucht man zum Auslegen der Terrasse.

8 Messing ist eine Legierung (Mischung) von Kupfer und Zink. In 5 kg Messing sind 3 kg Kupfer enthalten.
Wie viel kg Kupfer sind in 8 kg Messing enthalten?

9 Der Benzinverbrauch eines Autos ist abhängig von der Geschwindigkeit. Bei einer durchschnittlichen Geschwindigkeit von 90 $\frac{km}{h}$ verbraucht ein Auto 7 Liter auf 100 km.
Der Tankinhalt reicht dann für 600 km.
Bei einer Geschwindigkeit von 150 $\frac{km}{h}$ steigt der Verbrauch auf 12 Liter pro 100 km an.
Wie weit reicht dann eine Tankfüllung?

10 Eine Wiese ist 60 m lang und 30 m breit.
Wie breit ist eine 40 m lange Wiese mit dem gleichen Flächeninhalt?

11 Der Stempelaufdruck 333 auf einer Silberkette bedeutet: In 1 000 g dieses Materials sind 333 g Silber enthalten.
Wie viel Gramm Silber enthält eine 14 g schwere Halskette aus diesem Material?
Runde das Ergebnis auf Zehntel.

12 Unter das undichte Absperrventil einer Heizung wird ein Eimer gestellt. Der Eimer fasst 10 Liter. Nach 5 Stunden haben sich in dem Eimer 0,8 Liter Wasser gesammelt.
Wie viele Stunden dauert es, bis der Eimer voll ist?

13 In ein Büroregal passen genau 9 Ordner mit einer Breite von jeweils 50 mm.
Wie viele 80 mm breite Ordner kann man höchstens in dieses Regal stellen?

14 Ein Auto hat auf einer Strecke von 125 km 11,5 Liter Benzin verbraucht.
Wie viel Liter verbraucht das Auto auf einer Fahrstrecke von 450 km?

15 Beim Training stoppt ein Läufer seine Zwischenzeit. Er legt die Strecke von 3 000 m in 12 Minuten zurück.
Welche Zeit wird er bei gleichbleibender Geschwindigkeit für die Strecke von 5 000 m brauchen?

16 Aus einem Baumstamm werden 24 Bretter geschnitten. Jedes Brett ist 2,5 cm dick.
Wie viele 1,5 cm dicke Bretter lassen sich aus diesem Stamm schneiden?

17 Ein Pkw legt in 1,5 Stunden 72 km zurück.
Wie viel km legt der Pkw bei gleicher Geschwindigkeit in 2,5 Stunden zurück?

18 In 24 gleich großen Gläsern sind 9,6 Liter Saft.
Wie viele Gläser werden für 11,2 Liter Saft benötigt?

3,12	4,7	4,8	5	9	18	20	28	40	41,4	45	59,8	60	62,5	72	75	120	350

Proportional oder umgekehrt proportional

Zur Kontrolle: Trage unten auf der Seite unter den Lösungen die Aufgabennummern ein.

1 250 Nägel wiegen 625 Gramm.
a) Wie viel Gramm wiegen 72 Nägel?
b) Wie viele Nägel wiegen 85 Gramm?

2 Ein rechteckiges Feld ist 80 m breit und 36 m lang.
a) Wie breit ist ein 45 m langes Feld mit dem gleichen Flächeninhalt?
b) Wie breit ist ein 24 m breites Feld mit dem gleichen Flächeninhalt?

3 Wenn Franz täglich 15 € ausgibt, reicht sein Geld 24 Tage.
a) Wie lange reicht sein Geld, wenn er täglich 18 € ausgibt?
b) Franz kommt mit seinem Geld 30 Tage aus. Wie viel € hat er täglich ausgegeben?

4 Mit 4 Liter Wasser werden 1,6 Liter Sirup verdünnt.
a) Wie viel Liter Sirup werden mit 3,5 Liter Wasser verdünnt?
b) Wie viel Liter Wasser müssen mit 6 Litern Sirup gemischt werden?

5 Ein Kleinwagen braucht für eine Strecke von 90 km 4,5 Liter Benzin.
a) Wie viel Liter Benzin braucht der Kleinwagen für eine Strecke von 60 km?
b) Wie weit reicht eine Tankfüllung von 4 Litern Benzin?

6 800 Gramm rote Farbe werden mit 250 Gramm gelber Farbe gemischt.
a) Wie viel Gramm rote Farbe muss man zu 300 Gramm gelber Farbe mischen, um den selben Farbton zu erhalten?
b) Wie viel Gramm gelbe Farbe muss man zu 240 Gramm roter Farbe mischen, um den selben Farbton zu erhalten?

7 Eine Hemdenfabrik berechnet für 400 Hemden 5 000 €.
a) Ein Kaufhaus kauft 150 Hemden. Berechne den Preis dafür.
b) Ein Kaufhaus zahlt 4 200 €. Wie viele Hemden wurden geliefert?

8 Für die Bundesjugendspiele werden die Schüler in 21 Gruppen mit jeweils 12 Schülern eingeteilt.
a) Wie viele Schüler sind in jeder Gruppe, wenn 14 Gruppen gebildet werden?
b) Wie viele Gruppen müssen gebildet werden, wenn in jeder Gruppe 9 Schüler sein sollen?

9 Ein Wasserbecken von 320 Litern kann von einer Pumpe in 20 Minuten gefüllt werden.
a) Wie viel Liter Wasser sind nach 15 Minuten in dem Becken?
b) Nach wie viel Minuten sind 208 Liter in dem Becken?

10 250 Gramm Jagdwurst kosten 4 €.
a) Wie viel € kosten 350 Gramm Jagdwurst?
b) Wie viel Gramm Jagdwurst erhält man für 2,40 €?

11 Ein Handwerker berechnet für 8 Stunden Arbeitszeit 250 €.
a) Wie viel € berechnet der Handwerker für 10 Stunden?
b) Der Handwerker berechnet 187,50 €. Wie viele Stunden hat er gearbeitet?

12 Auf dem Markt sollen Äpfel gekauft werden.
a) Wie viel kosten 14 kg Äpfel, wenn 8 kg Äpfel 5 € kosten?
b) Wenn man für 8 € aber 5 kg Äpfel erhält, wie viel kosten dann 14 kg Äpfel?

1,4	3	5,6	6	8,75	12	13	15	18	20	22,4	28

34	64	75	80	120	150	180	240	312,5	336	960	1875

Proportional oder umgekehrt proportional

Zur Kontrolle: Trage unten auf der Seite unter den Lösungen die Aufgabennummern ein.

1 Ein Rad dreht sich in 24 Sekunden 40-mal.
a) Wie oft dreht sich das Rad in 45 Sekunden?
b) Wie viele Sekunden braucht das Rad für 50 Umdrehungen?

2 Ein Angestellter arbeitet im Monat 150 Stunden. Er verdient monatlich 1 875 €.
a) Wie viel € verdient er in einer Woche (35 Stunden)?
b) Ein Pkw kostet 11 250 €. Wie viele Stunden muss er für den Preis des Autos arbeiten?

3 Ein Kredit wird mit monatlich 250 € zurückgezahlt. Insgesamt müssen 36 Raten bezahlt werden.
a) Wie viele Raten müssen bezahlt werden, wenn die monatliche Rückzahlung 375 € beträgt?
b) Der Kredit wird in 30 Raten zurückgezahlt. Berechne die monatliche Rate.

4 Eine Wand kann mit 30 Holzbrettern verkleidet werden, wenn jedes Brett 24 cm breit ist.
a) Wie viele 20 cm breite Bretter werden zum Verkleiden der Wand benötigt?
b) Wie breit ist jedes Brett, wenn zum Verkleiden der Wand 40 Bretter benötigt werden?

5 24 Schüler besuchen eine Ausstellung. Der Eintrittspreis für die ganze Klasse beträgt 43,20 €.
a) Berechne den Eintrittspreis, wenn nur 21 Schüler die Ausstellung besuchen.
b) Wie viele Schüler besuchen die Ausstellung wenn der Eintrittspreis 45 € beträgt?

6 Für die Verpflegung von 40 Personen werden 16 Brote gekauft.
a) Wie viele Brote müssen für 15 Personen gekauft werden?
b) Für wie viele Personen reichen 20 Brote?

7 Für einen Kredit von 4 000 € müssen 280 € Zinsen bezahlt werden.
a) Wie viel € Zinsen müssen für einen Kredit von 7 000 € bezahlt werden?
b) Wie hoch ist der Kredit, wenn 84 € Zinsen bezahlt werden müssen?

8 Eine Holzplatte ist 0,4 m^2 groß. Sie kostet 12 €.
a) Wie viel € kostet eine 0,5 m^2 große Holzplatte?
b) Wie groß ist eine Holzplatte, für die 21 € bezahlt werden muss?

9 Für die Teilnehmer an einem Jugendlager reicht ein Vorrat an Mineralwasser 6 Tage, wenn täglich 50 Liter verbraucht werden.
a) Wie lange reicht der Vorrat, wenn täglich 40 Liter verbraucht werden?
b) Wie viel Liter wurden täglich verbraucht, wenn der Vorrat bereits nach 5 Tagen verbraucht war?

10 Eine 5,20 m lange Eisenstange wiegt 7,8 kg.
a) Wie schwer ist eine 1,50 m lange Eisenstange?
b) Wie lang ist eine 6,3 kg schwere Eisenstange?

11 8 m Gardinenstoff kosten 192 €.
a) Wie viel € kosten 6 m Stoff?
b) Wie viel m Stoff erhält man für 60 €?

12 Der Getränkevorrat auf einem Schiff ist so bemessen, dass 48 Personen damit 28 Tage auskommen.
a) Wie viele Tage reicht dieser Getränkevorrat, wenn 16 Personen auf dem Schiff mitfahren?
b) Wie viele Personen können auf dem Schiff mitfahren, wenn dieser Getränkevorrat für 14 Tage reichen soll?

0,7	2,25	2,5	4,2	6	7,5	15	18	24	25	30	36

37,8	50	60	75	84	96	144	300	437,50	490	900	1 200

Proportional oder umgekehrt proportional

12 Werkstücke (W) können in 6 Stunden (h) an 4 Drehbänken (D) bearbeitet werden.
In welcher Zeit können dann an 5 Drehbänken 20 Werkstücke bearbeitet werden?

Paare

12 W	6 h	4 D
20 W	x h	5 D

Notiere zuerst die Werte.
Schreibe gleiche Maßeinheiten untereinander.

doppelter Dreisatz

: 12 ↓	12 W	6 h	: 12 · 20 ↓
· 20 ↓	1 W		
	20 W		

Die gesuchte Größe soll rechts stehen.
Je mehr Werkstücke hergestellt werden, desto mehr Zeit wird benötigt.
Die Zuordnung ist proportional.

: 4 ↓	4 D		· 4 : 5 ↓
· 5 ↓	1 D		
	5 D	x h	

Je mehr Drehbänke eingesetzt werden, desto weniger Zeit wird benötigt.
Die Zuordnung ist umgekehrt proportional.

6 h : 12 · 20 · 4 : 5 = 8 h

In 8 Stunden können an 5 Drehbänken 20 Werkstücke bearbeitet werden.

Zur Kontrolle: Trage unten auf der Seite unter den Lösungen die Aufgabennummern ein.

1 3 Aushilfskräfte können in 5 Stunden 2 000 Prospekte verteilen.
a) Wie viele Stunden werden voraussichtlich 4 Aushilfskräfte benötigen, um 4 000 Prospekte auszuteilen?
b) Wie viele Aushilfskräfte müssen eingestellt werden, um 4 000 Prospekte in 3 Stunden zu verteilen?
c) Wie viele Prospekte können von 4 Aushilfskräften in 6 Stunden verteilt werden?

2 5 Lastwagen müssen bei einer Zuladung von 6 Tonnen insgesamt 8-mal fahren, um Erdreich von einer Baustelle abzufahren.
Wie oft müssen dann 6 Lkw bei einer Zuladung von jeweils 8 Tonnen fahren?

3 Eine Firma zahlt an 6 Arbeiter für 5 Arbeitstage insgesamt 1 800 € Lohn.
Wie viel € muss die Firma dann für 8 Arbeitstage an 6 Arbeiter zahlen?

4 Bei einer täglichen Arbeitszeit von 8 Stunden kann ein Bauabschnitt von 12 Arbeitern in 15 Tagen fertiggestellt werden. Vor Beginn der Arbeit erkranken 2 Arbeiter. Jeder Arbeiter leistet deshalb täglich eine Überstunde.
In wie vielen Tagen wird der Bauabschnitt voraussichtlich fertig sein?

5 In 5 Stunden können 2 400 Pfandflaschen von 6 Maschinen gereinigt werden.
Wie viele Flaschen können dann von 8 Maschinen in 6 Stunden gereinigt werden?

5	7,5	10	16	2 880	3 200	3 840

Mit Geschwindigkeiten rechnen

Die Geschwindigkeit 45 $\frac{km}{h}$ bedeutet: Ein Fahrzeug legt in **einer Stunde** (60 Minuten) eine Strecke von **45 km** zurück.

Zur Kontrolle: Trage unten auf der Seite unter den Lösungen die Aufgabennummern ein.

1 Ein Autofahrer fährt mit einer durchschnittlichen Geschwindigkeit von 80 $\frac{km}{h}$.
Wie viele Minuten braucht er für eine Strecke von 32 km?

Paare:

80 km	60 min
32 km	x min

2 Ein Lkw fährt mit einer durchschnittlichen Geschwindigkeit von 54 $\frac{km}{h}$. Wie viel km fährt er in 50 Minuten?

Paare:

54 km	60 min
x km	50 min

3 Ein Radfahrer legt in 36 Minuten eine Strecke von 9 km zurück.
Berechne die Geschwindigkeit in $\frac{km}{h}$.

Paare:

9 km	36 min
x km	60 min

Notiere jetzt immer zuerst die Paare.
Schreibe gleiche Maßeinheiten untereinander.

4 Ein Autofahrer fährt auf der Autobahn mit einer Geschwindigkeit von 120 $\frac{km}{h}$.
Wie viele Minuten braucht er für eine Strecke von 250 km?

Paare:

5 Ein Marathonläufer legt die 42 km lange Strecke in 2 Stunden und 30 Minuten zurück.
Berechne die Geschwindigkeit in $\frac{km}{h}$.

Paare:

6 Ein Motorroller fährt mit einer Geschwindigkeit von 30 $\frac{km}{h}$.
Welche Strecke legt er in 1 h und 35 min zurück?

Paare:

7 Ein Jogger misst nach 3 500 m eine Zwischenzeit von 25 min.
Berechne die Geschwindigkeit in $\frac{km}{h}$.

Paare:

8 Ein Auto fährt mit einer Geschwindigkeit von 90 $\frac{km}{h}$. Wie viel Meter legt das Auto in 1 Sekunde zurück?
(1 h = 3 600 s; 90 km = 90 000 m)

Paare:

9 Bei den Bundesjugendspielen erreichte eine Schülerin im 100-m-Lauf eine Zeit von 16 Sekunden.
Berechne die Geschwindigkeit in $\frac{km}{h}$.
(100 m = 0,1 km; 1 h = 3 600 s)

Paare:

10 Die Geschwindigkeit der Gondel einer Seilbahn beträgt 5 $\frac{m}{s}$.
Berechne die Geschwindigkeit in $\frac{km}{h}$.

Paare:

8,4	15	16,8	18	22,5	24	25	45	47,5	125

Mit Geschwindigkeiten rechnen

Ein Auto fährt mit einer Geschwindigkeit von 50 $\frac{km}{h}$. Es legt in einer bestimmten Zeit eine Strecke von 20 km zurück.
Wie weit fährt das Auto bei einer Geschwindigkeit von 100 $\frac{km}{h}$ und **gleicher Fahrzeit**?

doppelte Geschwindigkeit
gleiche Fahrzeit
doppelter Weg

$\cdot 2 \downarrow$	50 $\frac{km}{h}$	20 km	$\downarrow \cdot 2$
	100 $\frac{km}{h}$	40 km	

Ein Auto fährt mit einer Geschwindigkeit von 50 $\frac{km}{h}$. Es legt eine bestimmten Strecke in 60 Minuten zurück. Welche Zeit braucht das Auto, wenn es mit doppelter Geschwindigkeit fährt, für die **gleiche Fahrstrecke**?

doppelte Geschwindigkeit
gleiche Fahrstrecke
halbe Fahrzeit

$\cdot 2 \downarrow$	50 $\frac{km}{h}$	60 min	$\downarrow : 2$
	100 $\frac{km}{h}$	30 min	

Zur Kontrolle: Die Quersumme der Lösung steht jeweils in der Klammer.

1 Ein Pkw fährt auf einer Landstraße mit einer Geschwindigkeit von 50 $\frac{km}{h}$. Er legt eine Strecke von 15 km zurück.
Welche Strecke legt ein anderer Pkw zurück, der in der **gleichen Zeit** mit einer Geschwindigkeit von 60 $\frac{km}{h}$ fährt? (9)

Paare:		
	50 $\frac{km}{h}$	15 km
	60 $\frac{km}{h}$	x km

2 Ein Radfahrer fährt 15 Minuten lang mit einer Geschwindigkeit von 20 $\frac{km}{h}$. Ein Mopedfahrer fährt die **gleiche Strecke** mit einer Geschwindigkeit von 25 $\frac{km}{h}$.
Wie viele Minuten beträgt die Fahrzeit des Mopedfahrers? (3)

Paare:		
	15 min	20 $\frac{km}{h}$
	x min	25 $\frac{km}{h}$

3 Ein Pkw fährt in 40 Minuten mit einer Geschwindigkeit von 45 $\frac{km}{h}$. von A nach B. Wie schnell muss der Pkw fahren, wenn er die **gleiche Strecke** in 30 Minuten fahren will? (6)

Paare:		
	40 min	45 $\frac{km}{h}$
	30 min	x $\frac{km}{h}$

Notiere jetzt immer zuerst die Paare.
Schreibe gleiche Maßeinheiten untereinander.

4 In 2 Stunden und 30 Minuten fährt ein Pkw mit einer Geschwindigkeit von 72 $\frac{km}{h}$ von Augustburg nach Bertahausen.
Wie viele Minuten braucht ein Motorradfahrer, der die **gleiche Strecke** mit einer Geschwindigkeit von 100 $\frac{km}{h}$ fährt? (9)

Paare: ______ ______
______ ______

5 Ein Jogger läuft eine Strecke von 12,6 km mit einer Geschwindigkeit von 9 $\frac{km}{h}$.
Welchen Weg legt ein Wanderer in der **gleichen Zeit** zurück, wenn er mit einer Geschwindigkeit von 5 $\frac{km}{h}$ geht? (7)

Paare: ______ ______
______ ______

6 Ein Auto fährt in 35 Minuten mit einer Geschwindigkeit von 54 $\frac{km}{h}$ von A nach B. Ein Lkw braucht für die **gleiche Strecke** 45 Minuten. Wie schnell fährt er? (6)

Paare: ______ ______
______ ______

Mischen und verteilen

4 kg weiße Farbe sollen mit roter Farbe im Verhältnis 2 : 3 gemischt werden.
Wie viel kg rote Farbe werden benötigt?

4 kg weiße Farbe	→	2 Teile
x kg rote Farbe	→	3 Teile

Paare

$$\frac{4\text{ kg}}{x\text{ kg}} \qquad \frac{2\text{ Teile}}{3\text{ Teile}}$$

Dreisatz

: 2 ↓	2 Teile	4 kg	: 2 · 3 ↓
· 3 ↓	1 Teil		
	3 Teile	x kg	

$$4\text{ kg} : 2 \cdot 3 = 6\text{ kg}$$

Für die Mischung werden 6 kg rote Farbe benötigt.

Gelbe Farbe soll mit 6 kg grüner Farbe im Verhältnis 5 : 3 gemischt werden.
Wie viel kg gelbe Farbe werden benötigt?

x kg gelbe Farbe	→	5 Teile
6 kg grüner Farbe	→	3 Teile

Paare

$$\frac{x\text{ kg}}{6\text{ kg}} \qquad \frac{5\text{ Teile}}{3\text{ Teile}}$$

Dreisatz

: 3 ↓	3 Teile	6 kg	: 3 · 5 ↓
· 5 ↓	1 Teil		
	5 Teile	x kg	

$$6\text{ kg} : 3 \cdot 5 = 10\text{ kg}$$

Für die Mischung werden 10 kg gelbe Farbe benötigt.

Zur Kontrolle: Trage unten auf der Seite unter den Lösungen die Aufgabennummern ein.

1 8 kg schwarze Farbe sollen mit weißer Farbe im Verhältnis 2 : 5 gemischt werden.
Wie viel kg weiße Farbe werden benötigt?

2 Schwarze Farbe soll mit 6 kg weißer Farbe im Verhältnis 3 : 4 gemischt werden.
Wie viel kg der Sorte B werden benötigt?

3 350 g Kaffee der Sorte A werden mit der Sorte B im Verhältnis 5 : 4 gemischt.
Wie viel g der Sorte B werden benötigt?

4 Ein Gewinn wird im Verhältnis 5 : 9 zwischen Frau Berend und Herrn Schmidt aufgeteilt.
Herr Schmidt erhält 45 €.
Wie viel € erhält Frau Berend?

5 Eine Strecke ist im Verhältnis 2 : 3 geteilt worden. Der längere Teil ist 9 cm lang.
Wie lang ist der kürzere Teil?

6 Die kürzere Seite eines Rechtecks ist 5 cm lang. Das Verhältnis der Seitenlängen beträgt 2 : 7.
Berechne die Länge der längeren Seite des Rechtecks.

7 Ein Gewinn wird im Verhältnis der Einsätze aufgeteilt. Herr A hatte 8 € eingezahlt.
Herr B hatte 10 € eingezahlt.
Herr B bekommt 30 € von dem Gewinn.
Wie viel € erhält Herr A?

4,5	6	17,5	20	24	25	280

Mischen und verteilen

In 8 kg einer Farbmischung sind rote Farbe und weiße Farbe im Verhältnis 2 : 3 gemischt.
Wie viel kg rote Farbe sind in der Mischung?

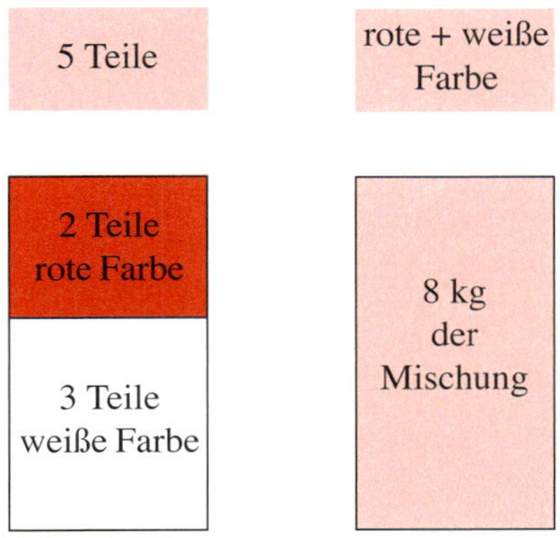

Paare

Schreibe gleiche Einheiten untereinander.

$$\frac{5\text{ Teile}}{2\text{ Teile}} \qquad \frac{8\text{ kg}}{x\text{ kg}}$$

Dreisatz

	5 Teile	8 kg	
: 5 ↓	1 Teil		: 5 · 2 ↓
· 2 ↓	2 Teile	x kg	

$$8\text{ kg} : 5 \cdot 2 = 3{,}2\text{ kg}$$

In 8 kg der Mischung sind 3,2 kg rote Farbe enthalten.

Zur Kontrolle: Trage unten auf der Seite unter den Lösungen die Aufgabennummern ein.

1. Die Kaffeesorte A und die Sorte B sind im Verhältnis 3 : 5 gemischt worden.
Wie viel g der Sorte A sind in 600 g der Mischung enthalten?

2. Ein Geldbetrag von 3 300 € soll im Verhältnis 5 : 7 aufgeteilt werden.
Berechne den größeren Anteil.

3. Eine 31,5 cm lange Strecke soll im Verhältnis 4 : 5 geteilt werden.
Wie lang ist der kürzere Abschnitt?

4. In 10,4 kg einer Mischfarbe sind schwarze Farbe und weiße Farbe im Verhältnis 5 : 8 gemischt.
Wie viel kg schwarze Farbe sind in der Mischung enthalten?

5. In eine Scheibenwaschanlage, die 3 Liter fasst, soll Frostschutzmittel gefüllt werden. Für einen ausreichenden Frostschutz muss das Frostschutzmittel mit Wasser im Verhältnis 1 : 1,5 gemischt werden.
Wie viel Liter Wasser muss dem Frostschutzmittel zugegeben werden?

6. In einer 0,7-Liter-Flasche Orangennektar sind 60 Teile Fruchtsaft mit 40 Teilen Wasser gemischt.
Wie viel Liter Fruchtsaft enthält die Flasche?

7. Messing ist eine Legierung (Mischung) aus Zink und Kupfer. Die Metalle sind im Verhältnis 3 : 7 gemischt.
Wie viel kg Kupfer sind in 15 kg Messing?

8. Bei einem Schulfest wird ein Gewinn von 2 115 € gemacht. Der Gewinn wird an die Klassen und den Förderverein im Verhältnis 3 : 2 aufgeteilt.
Wie viel € erhält der Förderverein?

9. Eine Holzleiste ist 72 cm lang. Sie soll im Verhältnis 2 : 3 : 4 geteilt werden.
Wie lang ist das größte Stück?
Berechne zuerst, in wie viele Teile die Leiste geteilt werden soll.

10. Anne, Bruno und Christoph teilen einen Gewinn von 252 € im Verhältnis 1 : 2 : 3 auf.
Wie viel € erhält Bruno?

0,42	1,8	4	10,5	14	32	84	225	846	1 925

Zuordnungen

Zur Kontrolle: Notiere jeweils die Lösungen.

1 Ein Lagervorrat reicht für 15 Verkaufstage, wenn täglich 18 Stück einer Ware verkauft werden. Wie lange reicht der Vorrat, wenn täglich 27 Stück dieser Ware verkauft werden? ______ Tage

2 Für 6 € erhält man 2,4 kg einer Ware. Wie viel € kosten 3 kg dieser Ware? ______ €

3 Wie viel kg einer Ware erhält man für 3 €, wenn 12 kg dieser Ware 5 € kosten? ______ kg

4 Eine 7 cm lange Strecke soll im Verhältnis 3 : 7 geteilt werden. Wie lang ist der kürzere Teil? ______ cm

5 9 kg Kaffee der Sorte A sollen mit der Sorte B im Verhältnis 2 : 3 gemischt werden. Wie viel kg der Sorte B werden benötigt? ______ kg

6 In 15 kg einer Farbmischung sind rote und gelbe Farbe im Verhältnis 5 : 7 gemischt. Wie viel kg rote Farbe sind in der Mischung? ______ kg

7 Ein Pkw legt in 1 Stunde und 20 Minuten eine Strecke von 90 km zurück. Berechne die Geschwindigkeit in $\frac{km}{h}$. ______ $\frac{km}{h}$

8 Ein Auto fährt mit einer durchschnittlichen Geschwindigkeit von 45 $\frac{km}{h}$ von Arnsfeld nach Berghausen. Das Auto legt die Strecke in 42 Minuten zurück. Wie weit sind die beiden Orte voneinander entfernt? ______ km

9 Georg plant eine Radtour. Wenn er mit einer durchschnittlichen Geschwindigkeit von 12 $\frac{km}{h}$ fährt, braucht er 3,5 Stunden, um sein Ziel zu erreichen. Wie schnell muss er fahren, wenn er bereits nach 3 Stunden ankommen will? ______ $\frac{km}{h}$

10 3 600 Flaschen können von 4 Maschinen in 9 Stunden abgefüllt werden. In welcher Zeit können 2 500 Flaschen von 5 Maschinen abgefüllt werden? ______ h

Die Lösungen findest du auf der Seite 160.

Prozent- und Zinsrechnung

Zur Kontrolle: Notiere jeweils die Lösungen.

1 Schreibe $\frac{3}{5}$ als Prozentsatz . — %

2 Eine Ware kostet 35 €. Der Preis wird um 12% erhöht.
Um wie viel € wird der Preis erhöht? — €

3 Ein Mantel kostet 250 €. Wegen einer geringen Verschmutzung wird der Preis um 70 € ermäßigt.
Um wie viel Prozent wird der Preis ermäßigt? — %

4 Bei einem Räumungsverkauf wird eine Ware 40% unter dem ursprünglichen Preis verkauft. Die Ersparnis beträgt 128 €.
Berechne den ursprünglichen Preis. — €

5 Eine Versicherung erhöht die Jahresprämie um 2,5%.
Die alte Prämie betrug 1 240 €.
Berechne die neue Prämie. — €

6 Frau Schmidt verdient nach einer Gehaltserhöhung 3 312 €.
Bisher verdiente sie 3 200 €.
Um wie viel Prozent ist das Gehalt erhöht worden? — %

7 Nach einer Preiserhöhung von 12% kostet eine Ware 504 €.
Berechne den alten Preis. — €

8 Nach einer Preisermäßigung von 16% kostet eine Ware 630 €.
Berechne den alten Preis. — €

9 Karl hat 4 250 € gespart. Eine Sparkasse verzinst das Geld auf einem Sparbuch mit einem Zinssatz von 2,2% pro Jahr.
Wie viel € Zinsen erhält Karl nach einem Jahr? — €

10 Für einen Kredit in Höhe von 5 200 € berechnet eine Bank nach einem Jahr 494 € Zinsen.
Berechne den Zinssatz. — %

11 Ein Guthaben von 4 500 € wird mit einem Zinssatz von 3% verzinst.
Wie viel € Zinsen erhält man nach 240 Zinstagen? — €

Die Lösungen findest du auf der Seite 160.

Anteile als Prozentsätze schreiben

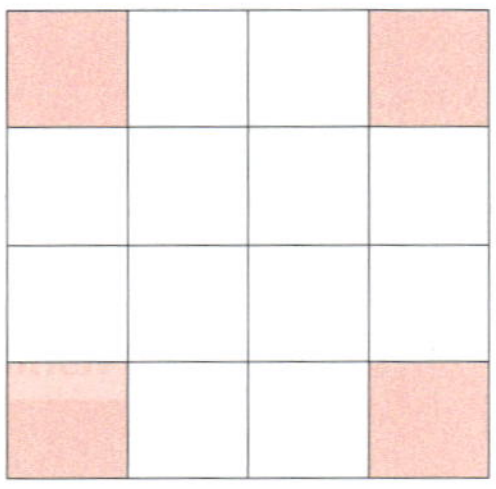

	Anteil		Prozentsatz
4 Felder von 16 Feldern	$= \frac{4}{16} = 4 : 16 = 0{,}25 =$	$\frac{25}{100} =$	**25 %**

Welcher Anteil der Figuren ist jeweils dargestellt? Notiere zuerst als Bruch und dann als Prozentsatz.

Zur Kontrolle: Unten auf der Seite findest du alle Lösungen. Trage darunter die Aufgabennummern ein.

1
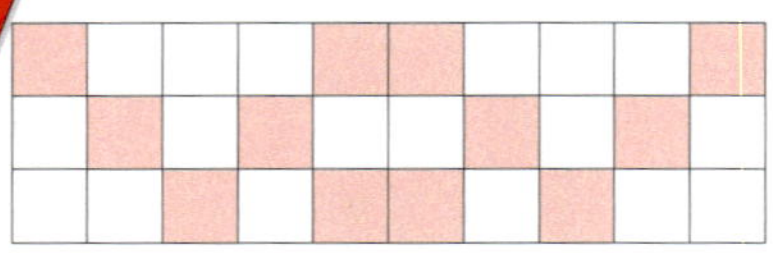

$\frac{\square}{\square} = \frac{\square}{100} = \square$ %

2
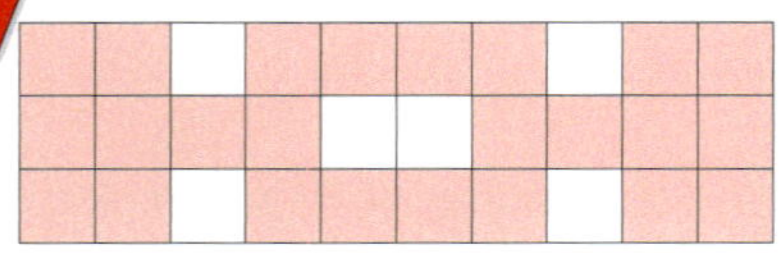

$\frac{\square}{\square} = \frac{\square}{100} = \square$ %

3
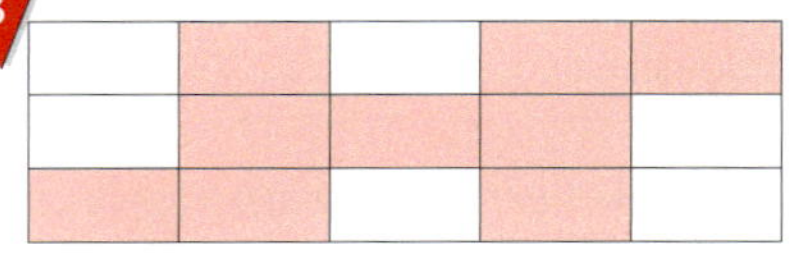

$\frac{\square}{\square} = \frac{\square}{100} = \square$ %

4
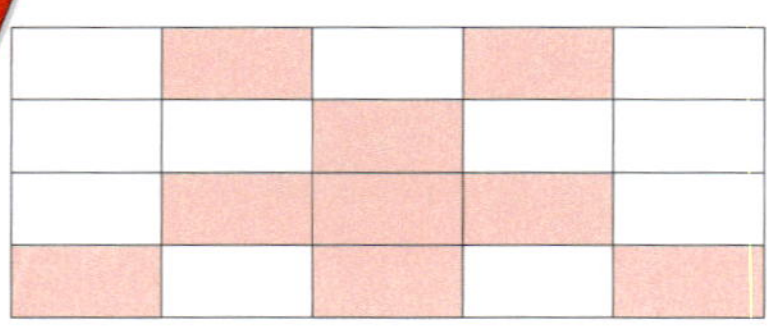

$\frac{\square}{\square} = \frac{\square}{100} = \square$ %

5
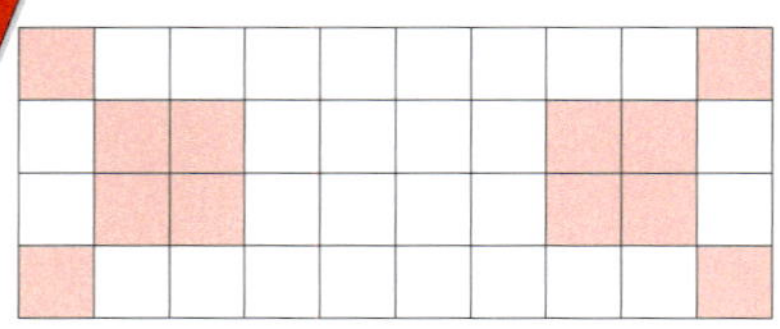

$\frac{\square}{\square} = \frac{\square}{100} = \square$ %

6
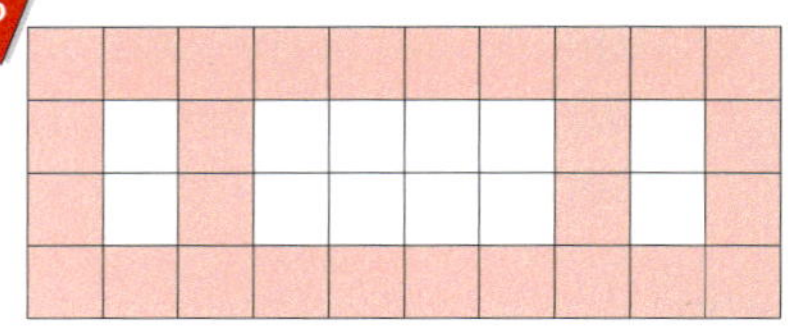

$\frac{\square}{\square} = \frac{\square}{100} = \square$ %

7
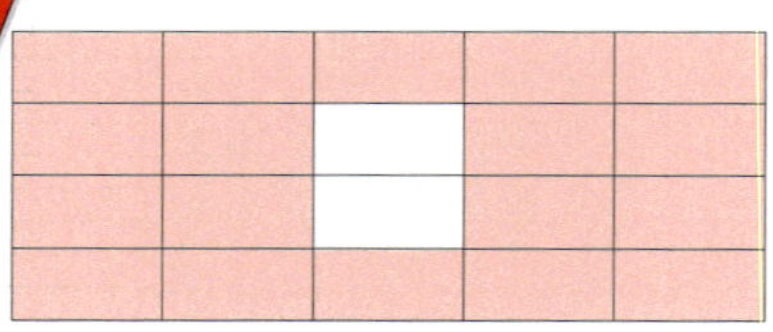

$\frac{\square}{\square} = \frac{\square}{100} = \square$ %

8
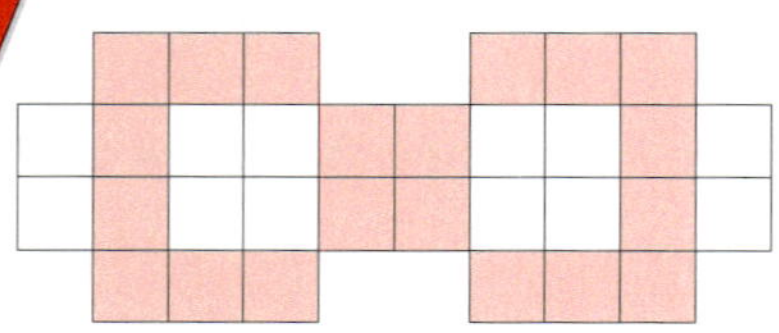

$\frac{\square}{\square} = \frac{\square}{100} = \square$ %

9
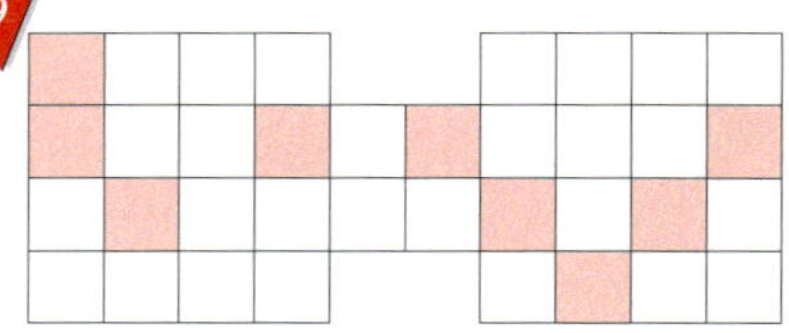

$\frac{\square}{\square} = \frac{\square}{100} = \square$ %

10
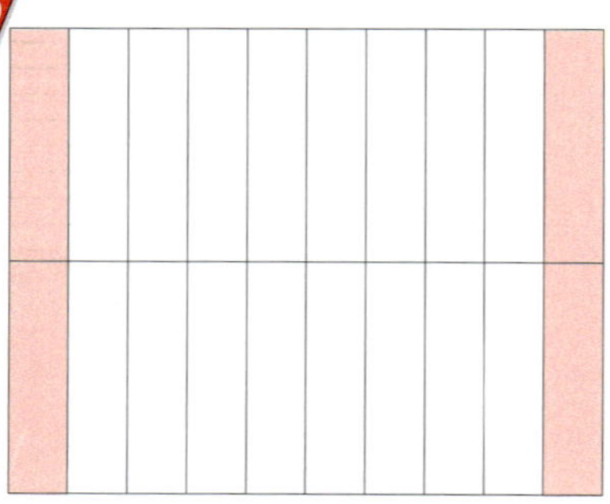

$\frac{\square}{\square} = \frac{\square}{100} = \square$ %

11
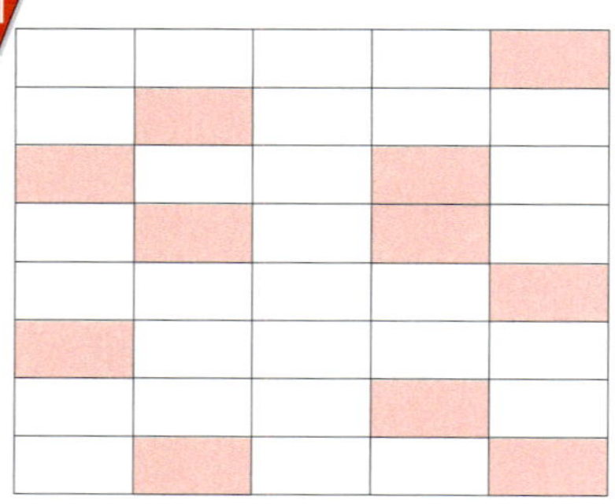

$\frac{\square}{\square} = \frac{\square}{100} = \square$ %

12

$\frac{\square}{\square} = \frac{\square}{100} = \square$ %

12,5 %	20 %	25 %	27,5 %	30 %	40 %	45 %	60 %	62,5 %	70 %	80 %	90 %

Den Prozentsatz berechnen

Wie viel Prozent der Stäbe sind jeweils markiert? Schreibe die Prozentsätze über die Stäbe. Bestimme bei jeder Aufgabe zuerst, in wie viele Teile der 100 %-Stab unterteilt worden ist.

Zur Kontrolle: Unten auf der Seite findest du alle Prozentsätze. Trage darunter die Aufgabennummern ein.

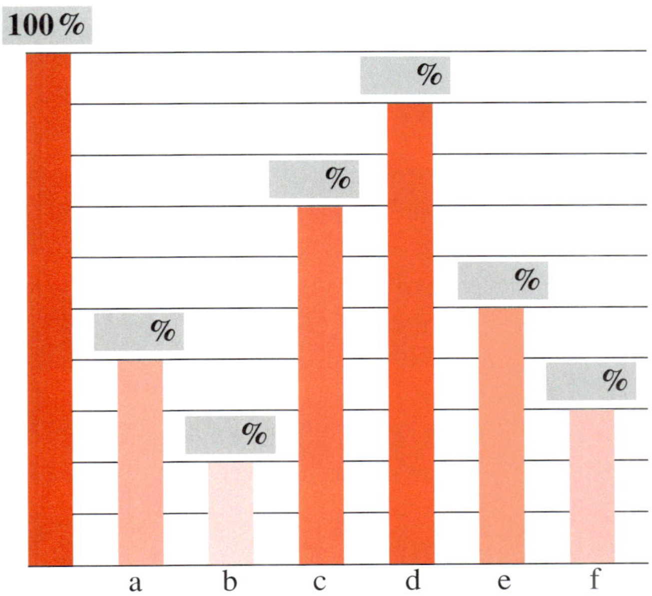

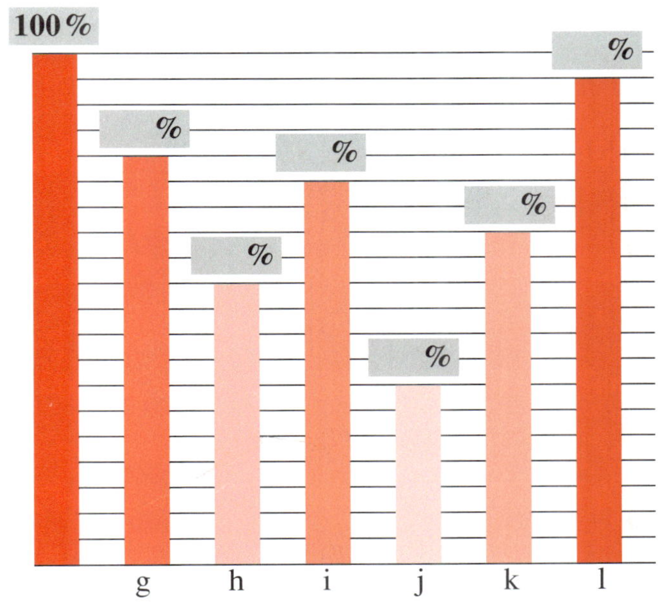

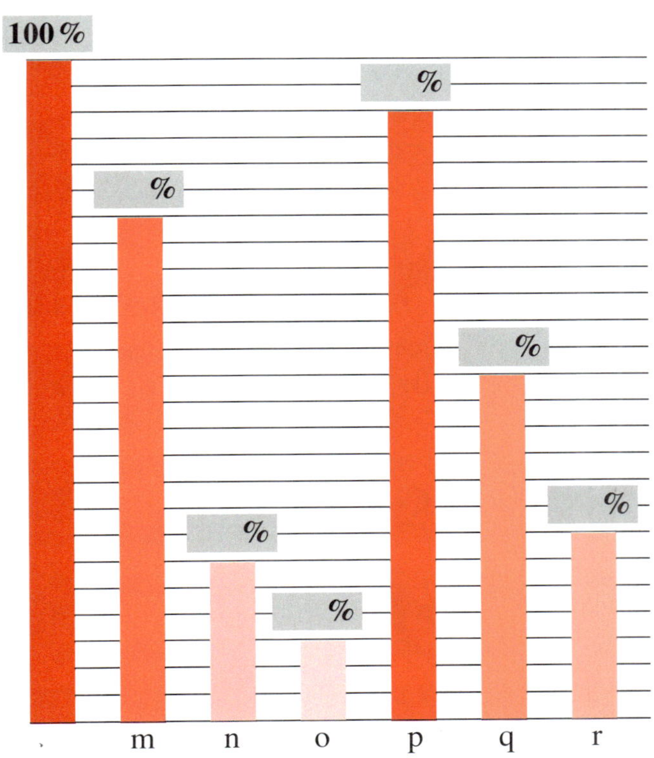

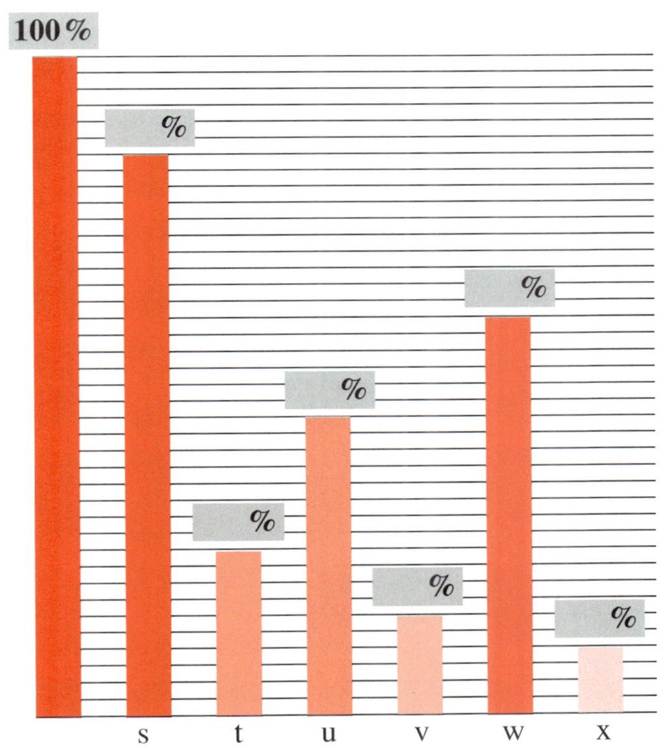

10 %	12 %	15 %	20 %	24 %	25 %	28 %	30 %	35 %	40 %	45 %	50 %

52 %	55 %	60 %	65 %	70 %	75 %	76 %	80 %	85 %	90 %	92 %	95 %

Den Prozentsatz berechnen

4 € von 25 € = ▢ %
4 € : 25 € = 0,16 = $\frac{16}{100}$ = 16%

Zur Kontrolle: Unten auf der Seite findest du alle Lösungen. Vergleiche.

1 12 € von 50 € = ▢ %

2 12 € von 25 € = ▢ %

3 8 € von 80 € = ▢ %

4 30 € von 60 € = ▢ %

5 3 € von 20 € = ▢ %

6 66 € von 250 € = ▢ %

7 18 € von 60 € = ▢ %

8 10 € von 80 € = ▢ %

9 64 € von 250 € = ▢ %

10 75 € von 200 € = ▢ %

11 28 € von 40 € = ▢ %

12 34 € von 80 € = ▢ %

13 1,50 € von 50 € = ▢ %

14 0,60 € von 30 € = ▢ %

15 2 € von 2,50 € = ▢ %

16 4,50 € von 60 € = ▢ %

17 8,20 € von 40 € = ▢ %

18 0,90 € von 1,20 € = ▢ %

19 2,25 € von 25 € = ▢ %

20 1,80 € von 9 € = ▢ %

21 7,50 € von 30 € = ▢ %

22 0,20 € von 1,25 € = ▢ %

23 7,20 € von 40 € = ▢ %

24 1,40 € von 25 € = ▢ %

2%	3%	5,6%	7,5%	9%	10%	12,5%	15%
16%	18%	20%	20,5%	24%	25%	25,6%	26,4%
30%	37,5%	42,5%	48%	50%	70%	75%	80%

Den Prozentsatz berechnen

%

3 € von 25 € = ☐ %

3 € : 25 € = 0,12 = $\frac{12}{100}$ = 12 %

Zur Kontrolle: Unten auf der Seite findest du alle Lösungen. Vergleiche.

1

von	50 €
20 €	%
15 €	%
4 €	%

2

von	250 €
6 €	%
70 €	%
60 €	%

3

von	125 €
20 €	%
80 €	%
4 €	%

4

von	25 €
19 €	%
21 €	%
8 €	%

5

von	60 €
45 €	%
21 €	%
42 €	%

6

von	400 €
90 €	%
350 €	%
18 €	%

7

von	40 €
11 €	%
3 €	%
27 €	%

8

von	120 €
21 €	%
54 €	%
72 €	%

9

von	150 €
72 €	%
120 €	%
102 €	%

10

von	200 €
7 €	%
30 €	%
26 €	%

11

von	240 €
60 €	%
150 €	%
90 €	%

12

von	75 €
3 €	%
66 €	%
54 €	%

2,4%	3,2%	3,5%	4%	4,5%	7,5%	8%	13%	15%
16%	17,5%	22,5%	24%	25%	27,5%	28%	30%	32%
35%	37,5%	40%	45%	48%	60%	62,5%	64%	67,5%
68%	70%	72%	75%	76%	80%	84%	87,5%	88%

Den Prozentsatz berechnen

Eine Ware kostet 125 €.
Der Preis wird um 60 € erhöht.
Um wie viel Prozent wird der Preis erhöht?

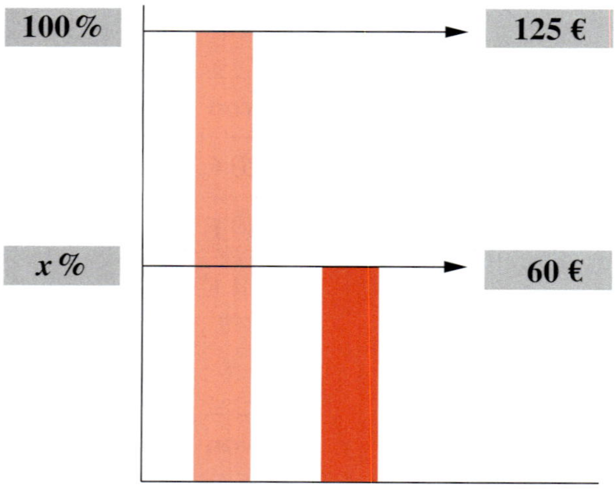

Grundwert $G = 100\%$
Prozentwert $P = 60$ €
Prozentsatz $p\%$ gesucht

Paare

Notiere immer zuerst 100%.

	100%	G:	125 €
$p\%$:	$x\%$	P:	60 €

Dreisatz

	125 €	100 %	
: 125 ↓	1 €		: 125 · 60 ↓
· 60 ↓	60 €	x %	

$100\% : 125 \cdot 60 = 48\%$

Der Preis wird um 48% erhöht (Prozentsatz).

Zur Kontrolle: Die Quersumme der Lösung steht jeweils in der Klammer.

1 Eine Ware kostet 250 €. Der Preis wird um 70 € ermäßigt.
Berechne den Prozentsatz. (10)

Paare

	100%	G:	____ €
$p\%$:	____ %	P:	____ €

Dreisatz

	____ €	____ %	
: ____ ↓	____ €		: ____ · ____ ↓
· ____ ↓	x €	____ %	

____ % : ____ · ____ = ____ %

Antwortsatz: ______________________________

____

2 Wegen Krankheit fehlen in einer Schulklasse 3 von 25 Schülern.
Wie viel Prozent der Schüler fehlen? (3)

Paare

	100%	G:	____ Sch
$p\%$:	____ %	P:	____ Sch

Dreisatz

	____ Sch	____ %	
: ____ ↓	____ Sch		: ____ · ____ ↓
· ____ ↓	____ Sch	x %	

____ % : ____ · ____ = ____ %

Antwortsatz: ______________________________

____

3 Die Miete wurde um 60 € erhöht.
Der alte Mietpreis betrug 400 €.
Berechne die Mieterhöhung in Prozent. (6)

4 Der Preis für 1 Liter Benzin wurde um 9 Cent erhöht. Der alte Preis betrug 1,20 €.
Berechne die Preiserhöhung in Prozent. (12)

5 Bei einer Qualitätskontrolle waren 7 von 125 Lagern defekt.
Wie viel Prozent der Lager waren defekt? (11)

6 Von 80 Mitarbeitern einer Firma sind 12 Mitarbeiter im Außendienst beschäftigt.
Berechne den Prozentsatz. (6)

Den Prozentsatz berechnen

Zur Kontrolle: Die Lösungen findest du unten auf der Seite. Trage darunter die Aufgabennummern ein.

1 Eine Ware kostet 400 €. Der Preis wird um 18 € erhöht.
Um wie viel Prozent wird der Preis erhöht?

2 Der Preis einer Ware wird um 16 € erhöht.
Der alte Preis betrug 128 €.
Um wie viel Prozent wurde der Preis erhöht?

3 Herr Glücklich verdiente bisher 3 200 €.
Er erhält eine Lohnerhöhung von 120 €.
Berechne die Lohnerhöhung in Prozent.

4 Sommerschlussverkauf!
Der Preis für eine Jacke wird um 54 € ermäßigt. Der alte Preis betrug 180 €.
Berechne die Ersparnis in Pozent.

5 45 von 250 Schülern erhielten bei den Bundesjugendspielen eine Ehrenurkunde.
Berechne den Prozentsatz.

6 Sonderangebot!
Der Preis für ein Sofa wird um 80 € ermäßigt. Der alte Preis betrug 500 €.
Um wie viel Prozent wurde der Preis ermäßigt?

7 18 von 25 Schülern der Klasse 8 a haben die Verkehrsprüfung bestanden.
Berechne den Prozentsatz.

8 Ein Kaufmann kaufte eine Ware für 48 € ein.
Er verkauft die Ware mit einem Gewinn von 12 €.
Um wie viel Prozent konnte der Händler die Ware teurer verkaufen?

9 Der Preis für einen Taschenrechner wurde um 3 € ermäßigt. Der alte Preis betrug 20 €.
Berechne die Ermäßigung in Prozent.

10 Bei einem Eignungstest lösten 8 von 20 Schülern alle Aufgaben richtig.
Berechne den Prozentsatz.

11 Verlust!
Eine Ware wurde mit einem Verlust von 24 € verkauft. Die Ware wurde für 500 € eingekauft.
Berechne den Verlust in Prozent.

12 Preiserhöhung!
Der Preis für 500 g Kaffee wird um 20 Cent erhöht. Der alte Preis betrug 4 €.
Berechne die Erhöhung des Preises in Prozent.

13 15 von 24 Schülern der Klasse 9 a haben sich für einen Computerkurs angemeldet.
Berechne den Prozentsatz.

14 Ein Händler gibt auf den Preis von 144 € einen Rabatt von 9 € (Preisnachlass).
Berechne den Rabatt in Prozent.

15 Wegen eines kleinen Lackschadens gewährt ein Möbelhaus auf den Preis für ein Regal einen Preisnachlass von 63 €.
Der Listenpreis für das Regal wird mit 180 € angegeben.
Wie viel Prozent beträgt der Preisnachlass?

16 Frau Schuster zahlte bisher 600 € Miete.
Die Miete wird um 18 € erhöht.
Um wie viel Prozent wird die Miete erhöht?

17 Eine Grundschule hat 180 Schüler.
Bei einer Befragung stellte der Schularzt fest, dass 81 Schüler ohne Pausenbrot zur Schule kommen.
Wie viel Prozent der Schüler kommen ohne Pausenbrot zur Schule?

18 Bei einer Umfrage wurden 75 Schüler nach ihren Berufswünschen gefragt.
24 Schüler wollten einen Beruf als Handwerker erlernen.
Berechne den Prozentsatz der Schüler, die Handwerker werden wollten.

3	3,75	4,5	4,8	5	6,25	12,5	15	16	18	25	30	32	35	40	45	62,5	72

Den Prozentwert berechnen

: 100 ↓	**100 %**	von 250 €		**250 €** ↓ : 100
· 4 ↓	**1 %**	von 250 €	= 250 € **: 100** =	**2,50 €** ↓ · 4
	4 %	von 250 €	= 2,50 € · **4** =	**10 €**

Zur Kontrolle: Unten auf der Seite findest du alle Lösungen. Vergleiche.

1

100%	350 €	25 €	520 €	90 €
1%	€	€	€	€
8%	€	€	€	€

2

100%	34 €	564 €	220 €	334 €
1%	€	€	€	€
15%	€	€	€	€

3

100%	40 €	120 €	440 €	228 €
1%	€	€	€	€
1,25%	€	€	€	€

4

100%	42 €	215 €	45 €	125 €
1%	€	€	€	€
45%	€	€	€	€

0,25 €	0,34 €	0,40 €	0,42 €	0,45 €	0,50 €	0,90 €	1,20 €
1,25 €	1,50 €	2 €	2,15 €	2,20 €	2,28 €	2,85 €	3,34 €
3,50 €	4,40 €	5,10 €	5,20 €	5,50 €	5,64 €	7,20 €	18,90 €
20,25 €	28 €	33 €	41,60 €	50,10 €	56,25 €	84,60 €	96,75 €

Den Prozentwert berechnen

%

5 % von 300 € = ☐ €

300 € : 100 · 5 = 3 € · 5 = 15 €

Zur Kontrolle: Unten auf der Seite findest du alle Lösungen. Vergleiche.

1 12 % von 200 € = ☐ €

2 15 % von 240 € = ☐ €

3 5 % von 84 € = ☐ €

4 16 % von 60 € = ☐ €

5 24 % von 20 € = ☐ €

6 85 % von 10 € = ☐ €

7 4 % von 150 € = ☐ €

8 90 % von 80 € = ☐ €

9 64 % von 250 € = ☐ €

10 70 % von 70 € = ☐ €

11 28 % von 225 € = ☐ €

12 34 % von 40 € = ☐ €

13 1,5 % von 50 € = ☐ €

14 0,6 % von 30 € = ☐ €

15 1,25 % von 120 € = ☐ €

16 0,75 % von 16 € = ☐ €

17 8,2 % von 40 € = ☐ €

18 1,1 % von 130 € = ☐ €

19 2,25 % von 24 € = ☐ €

20 3,45 % von 1 400 € = ☐ €

21 7,5 % von 6 € = ☐ €

22 0,1 % von 100 € = ☐ €

23 6,4 % von 70 € = ☐ €

24 1,4 % von 25 € = ☐ €

0,10 €	0,12 €	0,18 €	0,35 €	0,45 €	0,54 €	0,75 €	1,43 €
1,50 €	3,28 €	4,20 €	4,48 €	4,80 €	6 €	8,50 €	9,60 €
13,60 €	24 €	36 €	48,30 €	49 €	63 €	72 €	160 €

Den Prozentwert berechnen

3 % von 20 € = ▭ €
20 € : 100 · 3 = 0,20 € · 3 = 0,60 €

Zur Kontrolle: Unten auf der Seite findest du alle Lösungen. Vergleiche.

1

von	75 €	65 €	120 €	50 €	32 €	320 €
12 %	€	€	€	€	€	€

2

von	140 €	55 €	250 €	124 €	280 €	300 €
8 %	€	€	€	€	€	€

3

von	340 €	24 €	80 €	204 €	10 €	74 €
12,5 %	€	€	€	€	€	€

4

von	40 €	800 €	240 €	24 €	140 €	520 €
2,25 %	€	€	€	€	€	€

5

von	150 €	250 €	45 €	75 €	190 €	225 €
20,4 %	€	€	€	€	€	€

0,54 €	0,90 €	1,25 €	3,00 €	3,15 €	3,84 €
4,40 €	5,40 €	6,00 €	7,80 €	9,00 €	9,18 €
9,25 €	9,92 €	10,00 €	11,20 €	11,70 €	14,40 €
15,30 €	18,00 €	20,00 €	22,40 €	24,00 €	25,50 €
30,60 €	38,40 €	38,76 €	42,50 €	45,90 €	51,00 €

Den Prozentwert berechnen

4 % von 60 € = ▢ €

60 € : 100 · 4 = 0,60 € · 4 = 2,40 €

Zur Kontrolle: Unten auf der Seite findest du alle Lösungen. Vergleiche.

1

von	60 €
40 %	▢ €
12 %	▢ €
25 %	▢ €

2

von	44 €
19 %	▢ €
0,25 %	▢ €
80 %	▢ €

3

von	250 €
54 %	▢ €
80 %	▢ €
2,4 %	▢ €

4

von	5 €
90 %	▢ €
27 %	▢ €
24 %	▢ €

5

von	6,50 €
44 %	▢ €
90 %	▢ €
12 %	▢ €

6

von	4,50 €
14 %	▢ €
54 %	▢ €
70 %	▢ €

7

von	16 €
14 %	▢ €
1,5 %	▢ €
35 %	▢ €

8

von	6,25 €
4 %	▢ €
20 %	▢ €
8 %	▢ €

9

von	0,50 €
80 %	▢ €
52 %	▢ €
40 %	▢ €

10

von	80 €
2,5 %	▢ €
28 %	▢ €
0,2 %	▢ €

11

von	1,20 €
60 %	▢ €
35 %	▢ €
75 %	▢ €

12

von	1,40 €
75 %	▢ €
25 %	▢ €
80 %	▢ €

0,11 €	0,16 €	0,20 €	0,24 €	0,25 €	0,26 €	0,35 €	0,40 €	0,42 €
0,50 €	0,63 €	0,72 €	0,78 €	0,90 €	1,05 €	1,12 €	1,20 €	1,25 €
1,35 €	2 €	2,24 €	2,43 €	2,86 €	3,15 €	4,50 €	5,60 €	5,85 €
6 €	7,20 €	8,36 €	15 €	22,40 €	24 €	35,20 €	135 €	200 €

Den Prozentwert berechnen

Eine Ware kostet 440 €.
Der Preis wird um 20 % erhöht.
Um wie viel € wird der Preis erhöht?

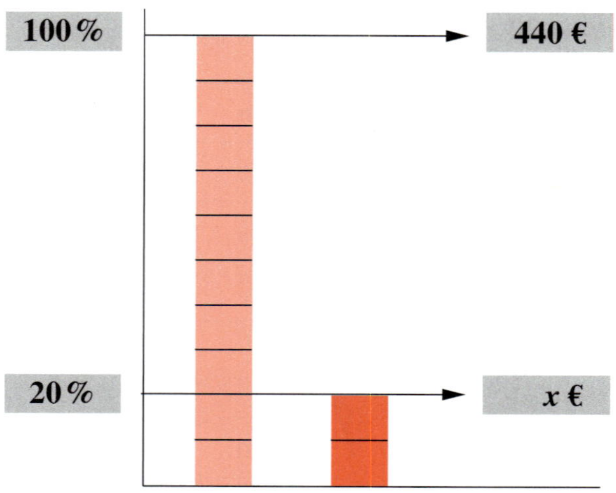

Grundwert $G = 100\,\%$
Prozentsatz $p\,\% = 20\,\%$
Prozentwert *P gesucht*

Paare

Notiere immer zuerst 100 %.

	100 %	G:	440 €
$p\,\%$:	20 %	P:	x €

Dreisatz

: 100 ↓	100 %	440 €	↓ : 100 · 20
· 20 ↓	1 %		
	20 %	x €	

440 € : 100 · 20 = 88 €

Der Preis wird um 88 € erhöht (Prozentwert).

Zur Kontrolle: Die Quersumme der Lösung steht jeweils in der Klammer.

1 Ein Radiorecorder kostet 350 €. Der Preis wird um 4 % ermäßigt.
Um wie viel € wird der Preis ermäßigt? (5)

Paare

	100 %	G:	____ €
$p\,\%$:	____ %	P:	____ €

Dreisatz

: ___ ↓	____ %	____ €	↓ : ___ · ___
· ___ ↓	____ %		
	____ %	x €	

______ € : _____ · _____ = ______ €

Antwortsatz: ______________________________

____

2 Ein Stundenlohn von 16,20 € wird um 5 % erhöht.
Berechne die Lohnerhöhung in €. (9)

Paare

	100 %	G:	____ €
$p\,\%$:	____ %	P:	____ €

Dreisatz

: ___ ↓	____ %	____ €	↓ : ___ · ___
· ___ ↓	____ %		
	____ %	x €	

______ € : _____ · _____ = ______ €

Antwortsatz: ______________________________

____

3 Ein Kaufmann macht einen Umsatz von 60 000 €. Er rechnet mit einem Gewinn von 2,5 %. Berechne den Gewinn in €. (6)

4 Ein Arbeiter verdient im Monat 2 850 € brutto. Er zahlt 22 % Abgaben.
Berechne die Abgaben in €. (15)

5 Die Reparatur eines Autos kostet 450 € plus 16 % Mehrwertsteuer (MwSt.).
Berechne die Mehrwertsteuer in €. (9)

6 Ein Betrieb rechnet bei der Produktion von 6 400 Schrauben mit 3 % Ausschuss.
Wie viele Schrauben sind das? (12)

Den Prozentwert berechnen

Zur Kontrolle: Die Lösungen findest du unten auf der Seite. Trage darunter die Aufgabennummern ein.

1 Eine Ware kostet 250 €. Der Preis wird um 8% erhöht.
Um wie viel € wird der Preis erhöht?

2 Der Preis einer Ware wird um 1,5% ermäßigt.
Die Ware kostete bisher 24 €.
Um wie viel € wird der Preis ermäßigt?

3 Der Preis für einen Computer wird um 36% ermäßigt. Bisher kostete der Computer 1 100 €. Um wie viel € wird der Preis ermäßigt?

4 Herr Müller verdient 1 600 €. Er erhält eine Gehaltserhöhung von 2,8%.
Berechne die Gehaltserhöhung in €.

5 Winterschlussverkauf!
Ein Mantel kostete bisher 240 €. Der Preis wird um 30% ermäßigt.
Um wie viel € wird der Mantel billiger?

6 Bei Barzahlung gibt ein Autohändler 3% Rabatt (Preisnachlass).
Wie viel € kann ein Käufer sparen, wenn ein Pkw für 28 500 € angeboten wird?

7 Frau Abel verdient 1 900 €.
Sie zahlt 28% Steuern und Abgaben.
Wie viel € Steuern zahlt Frau Abel?

8 Eine Versicherung ersetzt 55% eines Schadens. Die Schadenshöhe beträgt 4 900 €.
Wie viel € ersetzt die Versicherung?

9 Ein Auto verbraucht bei einer Geschwindigkeit von 90 $\frac{km}{h}$ 6 Liter Benzin auf 100 km.
Bei einer Geschwindigkeit von 120 $\frac{km}{h}$ steigt der Verbrauch pro 100 km um 15%.
Um wie viel Liter steigt der Verbrauch?

10 Ein Liter Benzin kostet 1,20 €.
Der Preis wird um 5% erhöht.
Um wie viel € wird 1 Liter Benzin teurer?

11 Räumungsverkauf!
Alle Preise werden um 40% ermäßigt.
Eine Schrankwand kostete bisher 2 700 €.
Berechne die Preisermäßigung in €.

12 Nach dem Einbau von Doppelfenstern sanken die Heizkosten um 35%.
Bisher zahlte Familie Reinartz monatlich 140 € für die Heizung.
Wie viel € spart Familie Reinartz nach dem Einbau der Doppelfenster?

13 Bei einer Verkehrskontrolle wurden bei 45% aller Fahrräder Mängel an der Beleuchtung festgestellt. Insgesamt wurden 320 Fahrräder kontrolliert.
Wie viele Fahrräder hatten eine defekte Beleuchtung?

14 Sommerschlussverkauf!
Eine Sommerhose kostete bisher 60 €.
Der Preis wird um 35% ermäßigt.
Wie viel € wird die Hose billiger?

15 Bei einer zahnärztlichen Untersuchung wurde bei 74% von 350 untersuchten Schülern Karies festgestellt.
Wie viele Schüler hatten kranke Zähne?

16 170 Gramm Büchsenmilch enthalten 4,5% Fett.
Berechne den Fettanteil in Gramm.

17 In einem Großhandel kostet ein Kühlschrank 250 €. Beim Kauf müssen zusätzlich 16% Mehrwertsteuer bezahlt werden.
Berechne die Mehrwertsteuer in €.

18 Familie Richter gibt 28% ihres Familieneinkommens für die Miete aus.
Das Familieneinkommen beträgt 2 450 €.
Wie hoch ist die Miete, die Familie Richter bezahlen muss?

0,06	0,36	0,9	7,65	20	21	40	44,8	49	72	144	259	396	532	686	855	1 080	2 695

Den Grundwert berechnen

: 3	3 %	eines Geldbetrages =	21 €
· 100	1 %	des Geldbetrages = 21 € : 3 =	7 € (: 3)
	100 %	des Geldbetrages = 7 € · 100 =	700 € (· 100)

Zur Kontrolle: Unten auf der Seite findest du alle Lösungen. Vergleiche.

1

8 %	32 €	40 €	60 €	12 €
1 %	€	€	€	€
100 %	€	€	€	€

2

3 %	21 €	63 €	3,60 €	20,70 €
1 %	€	€	€	€
100 %	€	€	€	€

3

2,5 %	80 €	6 €	1,25 €	0,50 €
1 %	€	€	€	€
100 %	€	€	€	€

4

1,25 %	20 €	8 €	70 €	0,10 €
1 %	€	€	€	€
100 %	€	€	€	€

0,08 €	0,20 €	0,50 €	1,20 €	1,50 €	2,40 €	4 €	5 €
6,40 €	6,90 €	7 €	7,50 €	8 €	16 €	20 €	21 €
32 €	50 €	56 €	120 €	150 €	240 €	400 €	500 €
640 €	690 €	700 €	750 €	1 600 €	2 100 €	3 200 €	5 600 €

Den Grundwert berechnen

%

30 € sind 15 % von ____ €

30 € : 15 · 100 = 2 € · 100 = 200 €

Zur Kontrolle: Unten auf der Seite findest du alle Lösungen. Vergleiche.

Nr.	Aufgabe		Nr.	Aufgabe	
1	40 € sind 5 % von =	€	13	2,50 € sind 5 % von =	€
2	35 € sind 7 % von =	€	14	0,70 € sind 3,5 % von =	€
3	4 € sind 2 % von =	€	15	1,25 € sind 25 % von =	€
4	21 € sind 3 % von =	€	16	1,20 € sind 30 % von =	€
5	6 € sind 40 % von =	€	17	9 € sind 2,5 % von =	€
6	45 € sind 15 % von =	€	18	1,50 € sind 0,4 % von =	€
7	60 € sind 4 % von =	€	19	2,25 € sind 0,3 % von =	€
8	24 € sind 5 % von =	€	20	6,40 € sind 20 % von =	€
9	60 € sind 40 % von =	€	21	0,50 € sind 0,2 % von =	€
10	26 € sind 4 % von =	€	22	4,20 € sind 70 % von =	€
11	8 € sind 80 % von =	€	23	1,20 € sind 60 % von =	€
12	45 € sind 60 % von =	€	24	7,20 € sind 0,6 % von =	€

2 €	4 €	5 €	6 €	10 €	15 €	20 €	32 €
50 €	75 €	150 €	200 €	250 €	300 €	360 €	375 €
480 €	500 €	650 €	700 €	750 €	800 €	1 200 €	1 500 €

Den Grundwert berechnen

Der Preis einer Ware wird um 40% ermäßigt.
Das sind 84 € weniger.
Wie viel € hat die Ware vorher gekostet?

Prozentsatz $p\% = 40\%$
Prozentwert $P = 84$ €
Grundwert G gesucht

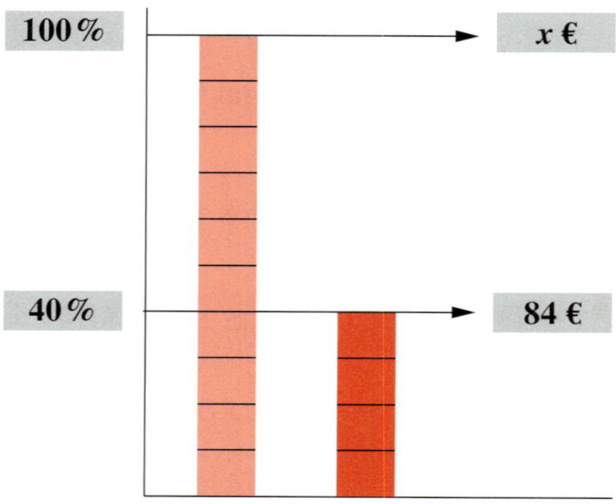

Paare

Notiere immer zuerst 100%.

	100%	G:	x €
$p\%$:	40%	P:	84 €

Dreisatz

	40%	84 €	
: 40 ↓	1%		: 40 · 100 ↓
· 100 ↓	100%	x €	

84 € : 40 · 100 = 210 €

Der Grundwert beträgt 210 €.

Zur Kontrolle: Die Quersumme der Lösung steht jeweils in der Klammer.

1 Bei Barzahlung 3% Preisnachlass!
Das sind 54 €.
Berechne den Preis ohne die Ermäßigung. (9)

Paare

	100%	G:	____ €
$p\%$:	____ %	P:	____ €

: ___ ↓	____ %	____ €	: ___ · ___ ↓
· ___ ↓	____ %		
	____ %	x €	

______ € : _____ · _____ = ______ €

Antwortsatz: ______________________________

2 Ein Beamter zahlt 405 € Krankenversicherungsbeitrag. Das sind 9% seines Gehaltes.
Wie viel € verdient der Beamte? (9)

Paare

	100%	G:	____ €
$p\%$:	____ %	P:	____ €

Dreisatz

: ___ ↓	____ %	____ €	: ___ · ___ ↓
· ___ ↓	____ %		
	____ %	x €	

______ € : _____ · _____ = ______ €

Antwortsatz: ______________________________

3 Eine Krankenkasse ersetzt 75% der Arztkosten. Das sind 1 950 €.
Wie hoch war die Arztrechnung? (8)

4 Bei den Bundesjugendspielen erhielten 84 Schüler eine Urkunde. Das sind 24% der Teilnehmer. Wie viele Schüler nahmen teil? (8)

5 Der Sieger erreichte bei einem Wettkampf 5 123 Punkte. Das sind 94% aller Punkte.
Berechne die Höchstpunktzahl. (14)

6 Die Prämie für die Versicherung einer Schaufensterscheibe beträgt 70 €. Das sind 2,8% des Neuwertes. Berechne den Neuwert. (7)

Den Grundwert berechnen

Zur Kontrolle: Die Lösungen findest du unten auf der Seite. Trage darunter die Aufgabennummern ein.

1 Der Preis einer Ware wird um 8 € erhöht. Das sind 5 % des alten Preises. Berechne den alten Preis.

2 40 % der Schüler einer Schule kommen mit öffentlichen Verkehrsmitteln zur Schule. Das sind 140 Schüler. Wie viele Schüler besuchen die Schule?

3 Frau Schmidt erhält eine Gehaltserhöhung von 54 €. Das sind 1,5 % ihres bisherigen Gehaltes. Wie viel € hat Frau Schmidt bisher verdient?

4 Winterschlussverkauf! Der Preis für einen Pullover wurde um 30 € ermäßigt. Das sind 40 % des alten Preises. Berechne den alten Preis.

5 Bei Barzahlung erhält ein Käufer einen Rabatt von 3 %. Er spart 27 €. Wie viel € muss ein anderer Käufer zahlen, der keinen Rabatt erhält?

6 Eine Versicherung zahlt 70 % eines Schadens. Die Erstattung betrug 560 €. Berechne die Schadenshöhe.

7 Bei einer Qualitätskontrolle waren 1,5 % der Teile defekt. Das waren 6 Teile. Wie viele Teile wurden geprüft?

8 Sonderverkauf! Alle Teile werden 40 % unter dem Listenpreis angeboten. Der Preis für einen Gartentisch wurde um 50 € ermäßigt. Wie viel € hat der Tisch vorher gekostet?

9 Der Preis für einen Busfahrschein wird um 15 Cent erhöht. Die Preiserhöhung beträgt 3 %. Berechne den alten Fahrpreis in €.

10 Eine Krankenversicherung erhöht den monatlichen Beitrag um 2,5 %. Das sind 9 €. Berechne den alten Beitrag.

11 Ein Kaufmann rechnet beim Verkauf mit einem Gewinn von 120 €. Das sind 2 % des Einkaufspreises. Berechne den Einkaufspreis.

12 Frau Heinze erhielt von ihrer Versicherung eine Rückvergütung von 30 €. Das sind 4 % der Jahresprämie. Wie viel € muss Frau Heinze jährlich an Versicherungsbeitrag zahlen?

13 Gefährlich! Vor einer Schule wurden bei einer Geschwindigkeitskontrolle 28 Autos gestoppt, die zu schnell gefahren waren. Das waren 35 % aller vorbeifahrenden Autos. Wie viele Autos wurden kontrolliert?

14 An einer Schule bestanden 70 % der Schüler die Verkehrsprüfung. Das waren 210 Schüler. Wie viele Schüler haben an der Verkehrsprüfung teilgenommen?

15 Erfreulich! Nach einer Lohnerhöhung von 1,2 % verdient Herr Fleißig pro Stunde 18 Cent mehr. Berechne den alten Stundenlohn in €.

16 Beim Kauf eines Motorrades muss Frau Jürgens zusätzlich zum Listenpreis 16 % Mehrwertsteuer zahlen. Das sind 512 €. Berechne den Preis ohne Mehrwertsteuer.

17 Von einem Heizölvorrat sind 60 % verbraucht worden. Das sind 150 Liter. Wie viel Liter betrug der gesamte Vorrat?

18 Auf dem Gartenfest soll eine Tombola veranstaltet werden. Dabei sollen 20 % aller Lose Gewinne sein. Insgesamt werden 85 Geschenke für Gewinne abgegeben. Wie viele Lose müssen für die Tombola vorbereitet werden?

5	15	75	80	125	160	250	300	350	360	400	425	750	800	900	3 200	3 600	6 000

Vermischte Aufgaben

$G = 50$ € $p\% = 4\%$ Berechne den Prozentwert.	$P = 30$ € $p\% = 5\%$ Berechne den Grundwert.	$G = 40$ € $P = 5$ € Berechne den Prozentsatz.

Grundwert · Prozentsatz = Prozentwert

$$G \cdot p\% = P$$

$50 \cdot 4\% = P$ $50 \cdot 0{,}04 = 2$ Der Prozentwert beträgt 2 €.	$G \cdot 5\% = 30$ $G = 30 : 5\%$ $G = 30 : 0{,}05 = 600$ Der Grundwert beträgt 600 €.	$40 \cdot p\% = 5$ $p\% = 5 : 40 = 0{,}125$ $p\% = 12{,}5\%$ Der Prozentsatz beträgt 12,5 %.

Zur Kontrolle: Unten auf der Seite findest du alle Lösungen. Vergleiche.

1

Grundwert G	350 €	___ €	55 €	___ €
Prozentsatz $p\%$	4 %	12 %	8 %	16 %
Prozentwert P	___ €	15 €	___ €	34,40 €

2

Grundwert G	268 €	225 €	124 €	80 €
Prozentsatz $p\%$	5 %	___ %	15 %	___ %
Prozentwert P	___ €	6,30 €	___ €	2,40 €

3

Grundwert G	___ €	5 €	___ €	20 €
Prozentsatz $p\%$	5 %	___ %	75 %	___ %
Prozentwert P	1,80 €	2 €	165 €	9 €

4

Grundwert G	260 €	___ €	80 €	32 €
Prozentsatz $p\%$	2,5 %	0,8 %	12,5 %	___ %
Prozentwert P	___ €	2 €	___ €	1,12 €

2,8	3	3,5	4,4	6,5	10	13,4	14
18,6	36	40	45	125	215	220	250

Vermischte Aufgaben

%

Zur Kontrolle: Unten auf der Seite findest du alle Lösungen. Vergleiche.

1. 4% von 50 € = ____ €
2. ____ % von 300 € = 27 €
3. 60% von ____ € = 18 €
4. 3% von 72 € = ____ €
5. ____ % von 40 € = 8 €
6. 6% von ____ € = 9 €
7. 2,4% von 25 € = ____ €
8. ____ % von 5 € = 1,20 €
9. 8% von ____ € = 3,60 €
10. 80% von 4 € = ____ €
11. ____ % von 80 € = 6,40 €
12. 45% von ____ € = 2,70 €
13. 2,5% von 20 € = ____ €
14. ____ % von 2,50 € = 2 €
15. 1,25% von ____ € = 3 €
16. 3,2% von 80 € = ____ €
17. ____ % von 7,50 € = 1,20 €
18. 1,5% von ____ € = 4,50 €
19. 2,25% von 160 € = ____ €
20. ____ % von 75 € = 4,80 €
21. 5% von ____ € = 2,20 €
22. 7,5% von 2,40 € = ____ €
23. ____ % von 60 € = 0,72 €
24. 90% von ____ € = 1,35 €

0,18	0,50	0,60	1,2	1,50	2	2,16	2,56
3,20	3,60	6	6,4	8	9	16	20
24	30	44	45	80	150	240	300

Vermischte Aufgaben

Zur Kontrolle: Die Lösungen findest du unten auf der Seite. Trage darunter die Aufgabennummern ein.

1 Der Preis einer Ware wird um 2,5 % erhöht. Der alte Preis der Ware betrug 44 €. Um wie viel € wird der Preis erhöht?

2 Das neue Modell einer Waschmaschine ist 45 € teurer als das alte Modell. Das alte Modell kostete 500 €. Um wie viel Prozent ist der Preis für das neue Modell erhöht worden?

3 In einem Supermarkt erhalten die Kassiererinnen 0,4 % Umsatzbeteiligung. Frau Kersten erhält eine Prämie von 30,72 €. Wie viel € hat Frau Kersten eingenommen?

4 Beim Transport von 250 Porzellantellern wurden 12 Teller zerbrochen. Wie viel Prozent der Teller wurden zerbrochen?

5 Sommerschlussverkauf! Der Preis für ein Sommerkleid wird um 28 % ermäßigt. Bisher kostete das Kleid 150 €. Um wie viel € wurde der Preis des Kleides ermäßigt?

6 Bei einem Sturm entstand ein Schaden von 1 400 €. Die Versicherung erstattet 910 €. Berechne die Erstattung in Prozent.

7 Herr Heinze möchte ein neues Auto kaufen, das 21 100 € kostet. Sein Händler bietet ihm ein Sondermodell an, das 15 % weniger kostet. Wie viel € kann Herr Heinze sparen?

8 Nach einer Preiserhöhung ist der Preis einer Ware um 8 % gestiegen. Berechne den alten Preis der Ware, wenn die Preiserhöhung 10 € beträgt.

9 Eine Ware kostet 320 €. Der Preis wird um 11,20 € erhöht. Um wie viel Prozent wird der Preis erhöht?

10 Susanne erhält im 2. Ausbildungsjahr eine Vergütung von 625 €. Davon spart sie monatlich 100 €. Wie viel Prozent ihrer Ausbildungsvergütung spart Susanne monatlich?

11 Bei einem Sonderverkauf wird der Preis für einen Drucker um 15 % ermäßigt. Das ist eine Ermäßigung von 36 €. Wie viel € hat der Drucker vorher gekostet?

12 Susanne erhält nach ihrem Geburtstag 6 € mehr Taschengeld. Bisher erhielt sie 40 €. Um wie viel Prozent ist das Taschengeld erhöht worden?

13 In der Klasse 6 a sind 10 Mädchen. Das sind 40 % der gesamten Schülerzahl. Wie viele Schüler hat die Klasse?

14 Frau Adams zahlt 384 € Miete. Das sind 24 % ihres Einkommens. Berechne das Einkommen von Frau Adams.

15 Ein Patient muss 32 % einer Zahnarztrechnung selbst bezahlen. Er zahlt 1 440 €. Wie viel € hat der Zahnarzt berechnet?

16 19 von 25 Schülern einer Klasse haben an einem Computerkurs teilgenommen. Berechne den Prozentsatz.

17 Ein Händler gibt bei Barzahlung einen Preisnachlass von 3 %. Der Listenpreis für eine Stereoanlage beträgt 780 €. Wie viel € kann ein Kunde bei Barzahlung sparen?

18 Von 320 Schülern der Goetheschule haben 272 Schüler die Verkehrsprüfung bestanden. Wie viel Prozent der Schüler haben die Prüfung bestanden?

1,1	3,5	4,8	9	15	16	23,4	25	42	65	76	85	125	240	1600	3 165	4 500	7 680

Vermischte Aufgaben

%

Zur Kontrolle: Trage unten auf der Seite unter den Lösungen die Aufgabennummern ein.

1 Eine Ware kostet 350 €.
Der Preis wird um 14% erhöht.
a) Um wie viel € wird der Preis erhöht?
b) Berechne den neuen Preis.

2 Eine Ware kostet 32 €.
Der Preis wird um 3% ermäßigt.
a) Um wie viel € wird der Preis ermäßigt?
b) Berechne den neuen Preis.

3 Der Preis einer Ware wird um 7 € erhöht.
Der neue Preis beträgt 32 €.
a) Berechne den alten Preis.
b) Um wie viel Prozent wird der Preis für die Ware erhöht?

4 Der Preis einer Ware wird um 3 € erhöht.
Das sind 4% des alten Preises.
a) Berechne den alten Preis
b) Berechne den neuen Preis.

5 Neben der Miete für ihre Wohnung muss Familie Kranz monatlich 180 € Nebenkosten zahlen. Die Nebenkosten werden jetzt um 15% erhöht.
a) Wie viel € muss Familie Kranz jetzt für die Nebenkosten mehr bezahlen?
b) Wie viel € muss Familie Kranz jetzt insgesamt bezahlen?

6 Der Beitrag für eine Haftpflichtversicherung wird um 1,25% erhöht. Das sind 5,50 €.
a) Berechne den alten Beitrag.
b) Berechne den neuen Beitrag.

7 Ein Heizöltank ist zu 80% gefüllt.
Es fehlen 152 Liter.
a) Wie viel Prozent fehlen?
b) Wie viel Liter fasst der Tank?

8 Ein Schrank kostete bisher 2 600 €.
Der Preis wird um 12% ermäßigt.
a) Berechne die Ermäßigung in €.
b) Berechne den neuen Preis.

9 Bei einem Sturm entstand ein Schaden von 1 400 €.
Die Versicherung erstattet 910 €.
a) Berechne die Selbstbeteiligung in €.
b) Berechne die Selbstbeteiligung in Prozent.

10 Der Verkaufspreis einer Ware setzt sich aus dem Selbstkostenpreis plus dem Gewinn zusammen. Ein Kaufmann verkauft eine Ware mit einem Gewinn von 60 €. Das sind 2,5% des Selbstkostenpreises.
a) Berechne den Selbstkostenpreis.
b) Berechne den Verkaufspreis.

11 Familie Berg hat ein monatliches Bruttoeinkommen von 4 200 €. Nach Abzug aller Abgaben beträgt ihr Nettoeinkommen 3 108 €.
a) Wie viel € zahlt Familie Berg an Abgaben?
b) Wie viel Prozent ihres Bruttoeinkommens zahlt Familie Berg an Abgaben?

12 Nach einer Gehaltserhöhung verdient Herr Gökhan 2 442 €.
Vorher verdiente er 2 400 €.
a) Berechne die Gehaltserhöhung in €.
b) Berechne die Gehaltserhöhung in Prozent.

13 Durch eine verbesserte Wärmeisolation wurden in einem Einfamilienhaus in einem Jahr 8% Heizöl eingespart, das waren 684 l Heizöl.
a) Wie viel Liter Heizöl wurden im Jahr zuvor verbraucht?
b) Wie viel Liter Heizöl werden jetzt jährlich benötigt?

0,96	1,75	20	25	26	27	28	31,04	35	42	49	75	78

207	312	399	440	445,5	490	760	1 092	2 288	2 400	2 460	7 866	8 550

Prozentuale Änderungen

Der alte Preis einer Ware beträgt 60 €.
Der Preis wird um 20 % (auf 120 %) erhöht.
Berechne den neuen Preis.

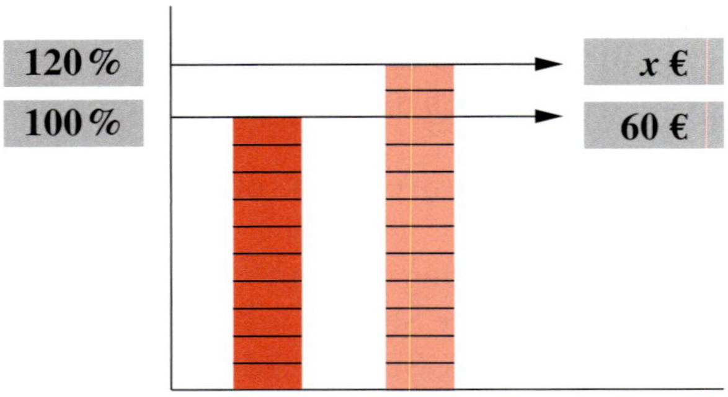

Paare

100 %	60 €
120 %	x €

Dreisatz

: 100 ↓	100 %	60 €	↓ : 100 · 120
· 120 ↓	1 %		
	120 %	x €	

60 € : 100 · 120 = 72 €

Der neue Preis beträgt 72 €.

Der alte Preis einer Ware beträgt 60 €.
Der Preis wird um 20 % (auf 80 %) ermäßigt.
Berechne den neuen Preis.

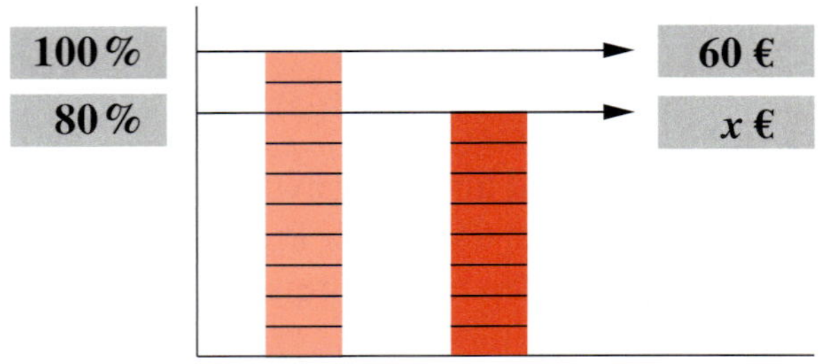

Paare

100 %	60 €
80 %	x €

Dreisatz

: 100 ↓	100 %	60 €	↓ : 100 · 80
· 80 ↓	1 %		
	80 %	x €	

60 € : 100 · 80 = 48 €

Der neue Preis beträgt 48 €.

Zur Kontrolle: Die Lösungen findest du unten auf der Seite. Trage darunter die Aufgabennummern ein.

1. Herr Meier erhält eine Gehaltserhöhung von 1,5 %. Bisher verdiente Herr Meier 1 800 €. Berechne das neue Gehalt.
2. Familie Kurt bezahlte bisher 850 € Miete. Die Miete wird um 2 % erhöht. Wie hoch ist die neue Miete?
3. Eine Ware kostet 550 €. Zuzüglich müssen 16 % Mehrwertsteuer bezahlt werden. Wie viel € muss ein Käufer zahlen?
4. Eine Autoversicherung erhöht die Jahresprämie um 6 %. Bisher betrug die Prämie 650 €. Berechne die neue Prämie.
5. Berechne den neuen Preis, wenn der alte Preis von 80 € um 2,5 % erhöht wird.
6. Wegen eines kleinen Lackschadens wird der Listenpreis für eine Waschmaschine um 8 % heruntergesetzt. Der alte Preis betrug 700 €. Berechne den Sonderpreis.
7. Der Preis für das Auslaufmodell einer Schrankwand wird um 35 % ermäßigt. Der alte Preis betrug 2 200 €. Berechne den neuen Preis.
8. Eine Versicherung übernimmt 75 % einer Reparaturrechnung von 4 500 €. Wie viel € beträgt die Selbstbeteiligung?
9. Im Sommerschlussverkauf wird der Preis für eine Sommerhose um 40 % ermäßigt. Der alte Preis betrug 70 €. Berechne den neuen Preis.

42	82	638	644	689	867	1 125	1 430	1 827

Prozentuale Änderungen

Eine Ware kostet 40 € (alter Preis). Der Preis wird **um 20 %** erhöht. Der Preis wird **auf 120 %** erhöht. Berechne den neuen Preis.
40 € · 120% = 40 € · 1,2 = 48 €
Der neue Preis beträgt 48 €.

Eine Ware kostet 40 € (alter Preis). Der Preis wird **um 20 %** ermäßigt. Der Preis wird **auf 80 %** ermäßigt. Berechne den neuen Preis.
40 € · 80% = 40 € · 0,8 = 32 €
Der neue Preis beträgt 32 €.

Zur Kontrolle: Die Lösungen findest du unten auf der Seite. Vergleiche.

1

alter Preis	350 €	45 €	150 €	240 €
erhöht um	4 %	20 %	2,4 %	0,5 %
erhöht auf	%	%	%	%
neuer Preis	€	€	€	€

2

alter Preis	52 €	45 €	240 €	125 €
erhöht um	40 %	8 %	0,25 %	1,4 %
erhöht auf	%	%	%	%
neuer Preis	€	€	€	€

3

alter Preis	30 €	720 €	320 €	800 €
ermäßigt um	20 %	8 %	1,5 %	0,5 %
ermäßigt auf	%	%	%	%
neuer Preis	€	€	€	€

4

alter Preis	750 €	5 €	80 €	20 €
ermäßigt um	60 %	5 %	4,5 %	12,5 %
ermäßigt auf	%	%	%	%
neuer Preis	€	€	€	€

4,75	17,50	24	40	48,60	54	72,80	76,40
80	87,5	92	95	95,5	98,5	99,5	100,25
100,5	101,4	102,4	104	108	120	126,75	140
153,60	240,60	241,20	300	315,20	364	662,40	796

Prozentuale Änderungen

Der Preis einer Ware wird um 20 % (auf 120 %) erhöht. Der neue Preis beträgt 42 €.
Berechne den alten Preis.

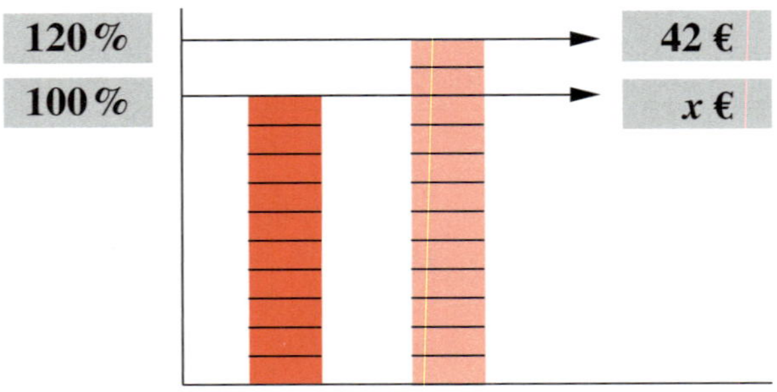

Paare

100 %	x €
120 %	42 €

Dreisatz

: 120 ↓	120 %	42 €	↓ : 120 · 100
· 100 ↓	1 %		
	100 %	x €	

42 € : 120 · 100 = 35 €

Der alte Preis beträgt 35 €.

Der Preis einer Ware wird um 20 % (auf 80 %) ermäßigt. Der neue Preis beträgt 28 €.
Berechne den alten Preis.

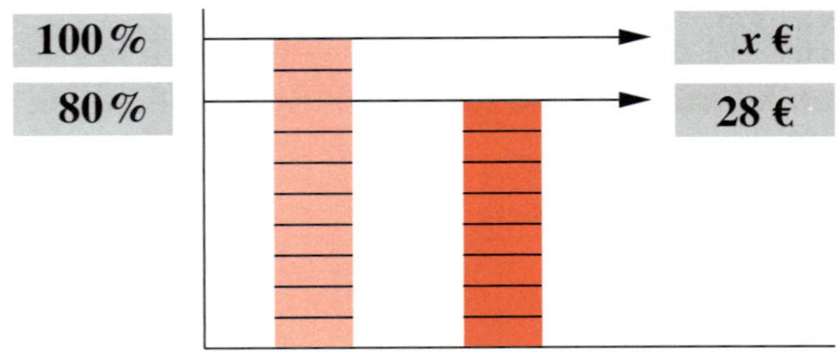

Paare

100 %	x €
80 %	28 €

Dreisatz

: 80 ↓	80 %	28 €	↓ : 80 · 100
· 100 ↓	1 %		
	100 %	x €	

28 € : 80 · 100 = 35 €

Der alte Preis beträgt 35 €.

Zur Kontrolle: Die Lösungen findest du unten auf der Seite. Trage darunter die Aufgabennummern ein.

1 Herr Fleißig erhält eine Gehaltserhöhung um 2,5 %. Jetzt verdient Herr Fleißig 1 845 €. Berechne das alte Gehalt.

2 Wegen eines kleinen Lackschadens wird der Listenpreis für eine Regalwand aus Holz auf 697 € ermäßigt. Die Ermäßigung beträgt 15 %. Wie viel € hat die Regalwand vorher gekostet?

3 Eine Ware kostet 406 € einschließlich 16 % Mehrwertsteuer . Berechne den Preis ohne Mehrwertsteuer.

4 Ein Kunde erhält beim Kauf einer Ware 2,5 % Rabatt. Er zahlt 1 638 €. Berechne den Preis ohne Ermäßigung.

5 Im Sommerschlussverkauf wird der Preis für eine Jacke um 40 % ermäßigt. Die Jacke kostet jetzt nur noch 51 €. Wie viel € hat die Jacke vorher gekostet?

6 Nach einer Mieterhöhung um 6 % bezahlt Familie Boldt 477 € Miete. Wie hoch war die alte Miete?

7 Eine Waschmaschine kostet nach einer Ermäßigung um 18 % nur noch 451 €. Berechne den Preis der Waschmaschine vor der Preissenkung.

8 Eine Autoversicherung hat die Jahresprämie um 5 % erhöht. Die neue Prämie beträgt 756 €. Berechne die alte Prämie.

85	350	450	550	720	820	1 680	1 800

Prozentuale Änderungen

%

Der Preis einer Ware wird **um 20 %** erhöht.
Der Preis wird **auf 120 %** erhöht. Der neue Preis beträgt 60 €. Berechne den alten Preis.
60 € : 120% = 60 € : 1,2 = 50 €
Der alte Preis betrug 50 €.

Der Preis einer Ware wird **um 20 %** ermäßigt.
Der Preis wird **auf 80 %** ermäßigt. Der neue Preis beträgt 40 €. Berechne den alten Preis.
40 € : 80% = 40 € : 0,8 = 50 €
Der alte Preis betrug 50 €.

Zur Kontrolle: Die Lösungen findest du unten auf der Seite. Vergleiche.

1

alter Preis	€	€	€	€
erhöht um	20 %	5 %	10 %	4 %
erhöht auf	%	%	%	%
neuer Preis	900 €	172,20 €	390,50 €	468 €

2

alter Preis	€	€	€	€
erhöht um	40 %	25 %	15 %	2 %
erhöht auf	%	%	%	%
neuer Preis	490 €	675 €	230 €	126,48 €

3

alter Preis	€	€	€	€
ermäßigt um	2 %	25 %	15 %	10 %
ermäßigt auf	%	%	%	%
neuer Preis	588 €	540 €	357 €	252 €

4

alter Preis	€	€	€	€
ermäßigt um	30 %	3 %	1 %	40 %
ermäßigt auf	%	%	%	%
neuer Preis	308 €	776 €	148,50 €	129,60 €

60	70	75	85	90	97	98	99
102	104	105	110	115	120	124	125
140	150	164	200	216	280	350	355
420	440	450	540	600	720	750	800

Prozentuale Änderungen

Preiserhöhung! Der alte Preis betrug 40 €.
Der neue Preis beträgt 48 €.
Auf wie viel Prozent ist der Preis erhöht worden?
Um wie viel Prozent ist der Preis erhöht worden?

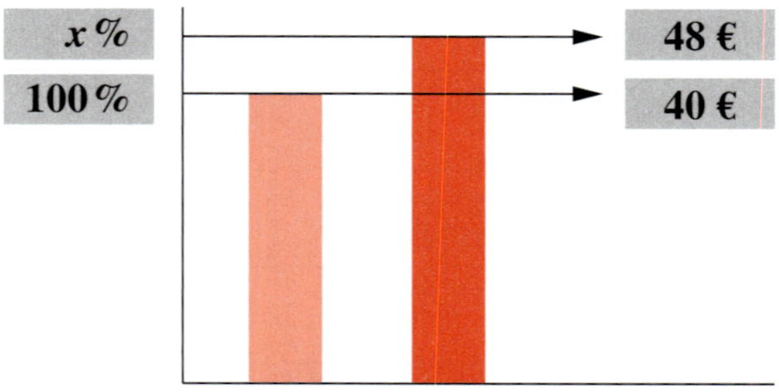

Paare

$\frac{100\,\%}{x\,\%}$ $\frac{40\,€}{48\,€}$

Dreisatz

: 40 ↓	40 €	100 %	
· 48 ↓	1 €		: 40 · 48 ↓
	48 €	x %	

100% : 40 · 48 = 120%

Der Preis ist auf 120% (um 20%) erhöht worden.

Preisermäßigung! Der alte Preis betrug 40 €.
Der neue Preis beträgt 32 €.
Auf wie viel Prozent ist der Preis ermäßigt worden?
Um wie viel Prozent ist der Preis ermäßigt worden?

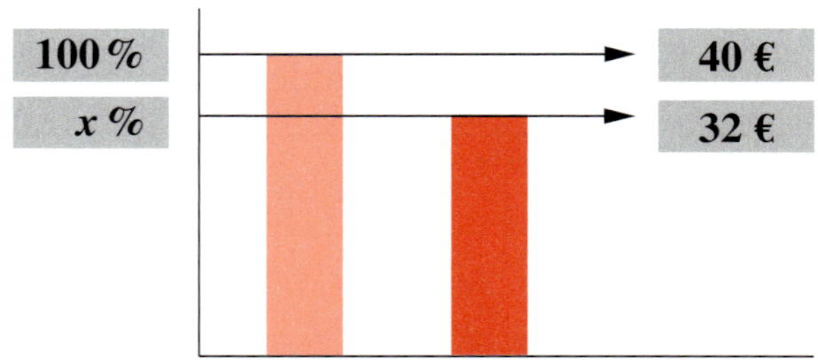

Paare

$\frac{100\,\%}{x\,\%}$ $\frac{40\,€}{32\,€}$

Dreisatz

: 40 ↓	40 €	100 %	
· 32 ↓	1 €		: 40 · 32 ↓
	32 €	x %	

100% : 40 · 32 = 80%

Der Preis ist auf 80% (um 20%) ermäßigt worden.

Zur Kontrolle: Die Lösungen findest du unten auf der Seite. Trage darunter die Aufgabennummern ein.

1. Eine Krankenversicherung erhöht die monatliche Prämie von 520 auf 598 €. Auf wie viel Prozent (um wie viel Prozent) wird die Prämie erhöht?

2. Das Gehalt von Frau Emsig ist von 1 600 € auf 1 640 € erhöht worden. Auf wie viel Prozent (um wie viel Prozent) ist das Gehalt erhöht worden?

3. Der Preis für einen Fahrschein wird von 2,80 € auf 3,50 € erhöht. Auf wie viel Prozent (um wie viel Prozent) ist der Preis erhöht worden?

4. Ein Händler erhöht den Preis einer Ware auf 171 €. Der alte Preis betrug 150 €. Auf wie viel Prozent (um wie viel Prozent) ist der Preis erhöht worden?

5. Im Winterschlussverkauf wird der Preis eines Mantels von 140 € auf 84 € ermäßigt. Auf wie viel Prozent (um wie viel Prozent) wird der Preis ermäßigt?

6. Im Sommerschlussverkauf wird der Preis für eine Hose von 60 € auf 39 € ermäßigt. Auf wie viel Prozent (um wie viel Prozent) wird der Preis ermäßigt?

7. Die Schülerzahl einer Schule ist im letzten Jahr von 250 Schülern auf 240 Schüler gesunken. Auf wie viel Prozent (um wie viel Prozent) ist die Zahl gesunken?

8. Der neue Preis für eine Jacke beträgt 228 €. Der alte Preis betrug 240 €. Auf wie viel Prozent (um wie viel Prozent) ist der Preis ermäßigt worden?

2,5	4	5	14	15	25	35	40	60	65	95	96	102,5	114	115	125

Prozentuale Änderungen

Der Preis einer Ware wird von 64 € auf 80 € erhöht. Auf wie viel Prozent wird der Preis erhöht?

80 € : 64 € = 1,25 = 125%

Der Preis wird **auf** 125% erhöht.

125% – 100% = 25%

Der Preis wird **um** 25% erhöht.

Der Preis einer Ware wird von 64 € auf 48 € ermäßigt. Auf wie viel Prozent wird der Preis ermäßigt?

48 € : 64 € = 0,75 = 75%

Der Preis wird **auf** 75% ermäßigt.

100% – 75% = 25%

Der Preis wird **um** 25% ermäßigt.

1

alter Preis	660 €	120 €	350 €	400 €
erhöht um	%	%	%	%
erhöht auf	%	%	%	%
neuer Preis	891 €	126 €	378 €	512 €

2

alter Preis	600 €	750 €	800 €	900 €
erhöht um	%	%	%	%
erhöht auf	%	%	%	%
neuer Preis	627 €	751,50 €	812 €	922,50 €

3

alter Preis	250 €	280 €	640 €	380 €
ermäßigt um	%	%	%	%
ermäßigt auf	%	%	%	%
neuer Preis	245 €	210 €	544 €	209 €

4

alter Preis	440 €	800 €	150 €	400 €
ermäßigt um	%	%	%	%
ermäßigt auf	%	%	%	%
neuer Preis	424,60 €	798 €	147,30 €	395 €

0,2	0,25	1,25	1,5	1,8	2	2,5	3,5
4,5	5	8	15	25	28	35	45
55	75	85	96,5	98	98,2	98,75	99,75
100,2	101,5	102,5	104,5	105	108	128	135

Prozentuale Änderungen

alter Preis	50 €
erhöht um	10 %
erhöht auf	110 %
erhöht um	5 €
neuer Preis	55 €

alter Preis	50 €
ermäßigt um	10 %
ermäßigt auf	90 %
ermäßigt um	5 €
neuer Preis	45 €

Zur Kontrolle: Die Lösungen findest du unten auf der Seite. Vergleiche.

1

alter Preis	250 €	125 €	€	€	€
erhöht um	4 %	%	%	%	0,4 %
erhöht auf	%	124 %	%	100,5 %	%
erhöht um	€	€	7,50 €	€	6 €
neuer Preis	€	€	57,50 €	201 €	€

2

alter Preis	700 €	95 €	€	€	€
ermäßigt um	9 %	%	%	%	1,5 %
ermäßigt auf	%	94 %	%	97,5 %	%
ermäßigt um	€	€	90 €	€	1,80 €
neuer Preis	€	€	135 €	78 €	€

0,5	1	2	2,5	5,70	6	10	15	24	30
40	50	60	63	80	89,30	91	98,5	100,4	104
115	118,20	120	155	200	225	260	637	1 500	1 506

Vermischte Aufgaben

%

Zur Kontrolle: Die Lösungen findest du unten auf der Seite. Trage darunter die Aufgabennummern ein.

1 Erfreulich!
Herr Müller erhält eine Gehaltserhöhung von 3 %. Bisher verdiente Herr Müller 1 700 €. Berechne das neue Gehalt.

2 Günstig!
Der Preis für einen Computer wird um 22 % gesenkt. Der alte Preis beträgt 1 600 €. Berechne den neuen Preis.

3 Unerfreulich!
Der Beitrag für die Haftpflichtversicherung wurde auf 130 € erhöht.
Bisher kostete die Versicherung 125 €.
Um wie viel Prozent wurde der Beitrag erhöht?

4 Teuer!
Bisher kostete ein Auto der Marke RASANT 24 000 €. Das neue Modell kostet jetzt 25 920 €.
Berechne die Preiserhöhung für das neue Modell in Prozent.

5 Sonderangebot!
Der Preis für eine elektrische Bohrmaschine wurde auf 76,50 € ermäßigt. Die Ermäßigung beträgt 15 %.
Berechne den alten Preis der Bohrmaschine.

6 Preiserhöhung!
Der Preis für einen Tisch wird um 12 % erhöht. Der neue Preis beträgt 168 €.
Wie viel € hat der Tisch vorher gekostet?

7 Räumungsverkauf!
Der Preis für einen Teppich wird von 850 € auf 476 € heruntergesetzt.
Um wie viel Prozent wird der Preis für den Teppich ermäßigt?

8 Gewinn!
Ein Kaufmann kauft eine Ware für 4 200 € ein. Er verkauft die Ware für 4 263 €.
Berechne den Gewinn in Prozent.

9 Sonderangebot!
Wegen eines kleinen Lackfehlers wurde der Preis für ein Regal um 35 % auf 91 € gesenkt.
Berechne den alten Preis.

10 Mieterhöhung!
Nach einer Mieterhöhung zahlt Familie Schmidt 441 € Miete. Bisher zahlte sie 420 €. Berechne die Erhöhung in Prozent.

11 Mehrwertsteuer!
In einem Rechnungsbetrag von 1 218 € sind 16 % Mehrwertsteuer enthalten.
Berechne die Mehrwertsteuer in €.

12 Rabatt!
Bei Barzahlung gibt ein Händler 3 % Rabatt auf den Listenpreis. Ein Kunde zahlt nur noch 1 164 €.
Berechne den Listenpreis.

13 Gefährlich!
Die Polizei stellte bei einer Kontrolle an 15 von 40 Fahrrädern keine Mängel fest.
Wie viel Prozent der Fahrräder waren nicht verkehrssicher?

14 Schlussverkauf!
Nach einer Preissenkung um 40 % beträgt der Preis einer Jacke nur noch 75 €.
Berechne die Preissenkung in €.

15 Lohnerhöhung!
Nach einer Lohnerhöhung von 2 % verdient Frau Emsig 15,81 € pro Stunde.
Wie viel € hat sie vorher verdient?

16 Steuern und Abgaben!
Ein Angestellter verdient 1 900 €.
Nach Abzug der Steuern und Abgaben bekommt er 1 292 € ausgezahlt.
Wie viel Prozent zahlt er an Steuern und Abgaben?

1,5	4	5	8	15,5	32	44	50	62,5	90	140	150	168	1 200	1 248	1 751

Die Zinsen berechnen

Ein Kapital von 2 700 € wird zu einem Zinssatz von 4% für eine Laufzeit von 210 Tagen angelegt. Berechne die Zinsen.

2 700 €	100%	360 T
x €	4%	210 T

Notiere zuerst die Werte.
Schreibe gleiche Maßeinheiten untereinander.

: 100	100%	2 700 €	: 100 · 4
· 4	1%		
	4%	___	
: 360	360 T	___	: 360 · 210
· 210	1 T		
	210 T	x €	

Die gesuchte Größe soll rechts stehen.
Das Kapital beträgt immer 100%.
Das Zinsjahr hat 360 Tage.
Der Zinsmonat hat 30 Tage.

2 700 € : 100 · 4 : 360 · 210 = 63 €

Die Zinsen betragen 63 €.

Zur Kontrolle: Die Lösungen findest du unten auf der Seite. Trage darunter die Aufgabennummern ein.

1 Ein Guthaben von 1 200 € wird auf einem Sparbuch zu einem Zinssatz von 3% verzinst. Wie viel € Zinsen erhält man, wenn das Sparbuch nach 200 Tagen aufgelöst wird?

2 Ein Darlehen von 2 400 € wird zu einem Zinssatz von 12% aufgenommen. Wie viel € Zinsen sind für 5 Monate zu zahlen?

3 Eine Bank gibt einen Kredit von 12 400 €. Der Zinssatz beträgt 12,5%. Berechne die Zinsen für 180 Tage.

4 Eine Firma nimmt für 18 Tage einen Kredit über 120 000 € zu einem Zinssatz von 9% auf. Berechne die Zinsen.

5 Am 15. Februar wird auf einem Sparbuch ein Betrag von 480 € gutgeschrieben. Die Sparkasse zahlt 3,5% Zinsen. Wie viel € Zinsen erhält man am Ende des Jahres?

6 Eine Bank berechnet bei Überziehung des Gehaltskontos 14% Zinsen. Ein Kunde überzieht sein Konto um 1 500 €. Wie viel € betragen die Überziehungszinsen für 12 Tage?

7 Ein Unternehmer nimmt für die Zwischenfinanzierung eines Auftrages einen Kredit von 18 000 € auf. Eine Bank berechnet 8,25% Zinsen. Nach 2 Monaten wird der Kredit zurückgezahlt. Berechne die Zinsen.

8

Kapital	270 €	4 900 €	999 €	1 500 €	420 €
Zinssatz	15 %	6 %	18 %	8,25 %	7,5 %
Zinstage	100 Tage	30 Tage	200 Tage	120 Tage	240 Tage
Zinsen	___ €	___ €	___ €	___ €	___ €

7	11,25	14,70	20	21	24,50	41,25	99,90	120	247,50	540	775

Die Zinsen berechnen

%

Kapital (K) = 6 000 €
Zinssatz ($p\%$) = 3 %
Laufzeit (t) = 90 Tage
Die Zinsen (Z) werden gesucht.

$Z = K \cdot p\,\% \cdot t : 360$
$Z = 6\,000 \cdot 3\,\% \cdot 90 : 360$
$Z = 6\,000 \cdot 0{,}03 \cdot 90 : 360 = 45$
Die Zinsen betragen 45 €.

Zur Kontrolle: Die Lösungen findest du unten auf der Seite. Vergleiche.

1

Kapital	5 400 €	120 €	3 000 €	560 €
Zinssatz	4 %	3 %	2,5 %	12 %
Laufzeit	300 Tage	200 Tage	270 Tage	240 Tage
Zinsen	€	€	€	€

2

Kapital	180 €	220 €	500 €	1 200 €
Zinssatz	6 %	9 %	4,5 %	2,25 %
Laufzeit	50 Tage	160 Tage	100 Tage	90 Tage
Zinsen	€	€	€	€

3

Kapital	4 500 €	640 €	7 500 €	360 €
Zinssatz	12 %	9 %	7,5 %	6,25 %
Laufzeit	30 Tage	240 Tage	44 Tage	120 Tage
Zinsen	€	€	€	€

4

Kapital	999 €	90 €	144 €	7 200 €
Zinssatz	3 %	6 %	4,5 %	1,25 %
Laufzeit	240 Tage	300 Tage	210 Tage	60 Tage
Zinsen	€	€	€	€

1,50 €	2 €	3,78 €	4,50 €	6,25 €	6,75 €	7,50 €	8,80 €
15 €	19,98 €	38,40 €	44,80 €	45 €	56,25 €	68,75 €	180 €

Den Zinssatz berechnen

Ein Kapital von 4 000 € wird für eine Laufzeit von 250 Tagen angelegt. Die Zinsen betragen 150 €. Berechne den Jahreszinssatz.

4 000 €	100%	360 T
150 €	x%	250 T

Notiere zuerst die Werte.
Schreibe gleiche Maßeinheiten untereinander.

: 4000 ↓	4 000 €	100%	: 4 000 · 150 ↓
· 150 ↓	1 €		
	150 €		
: 250 ↓	250 T		: 250 · 360 ↓
· 360 ↓	1 T		
	360 T	x%	

Die gesuchte Größe soll rechts stehen.
Das Kapital beträgt immer 100%.
Das Zinsjahr hat 360 Tage.
Der Zinsmonat hat 30 Tage.

100% : 4 000 · 150 : 250 · 360 = 5,4%

Der Zinssatz beträgt 5,4%.

Zur Kontrolle: Die Lösungen findest du unten auf der Seite. Trage darunter die Aufgabennummern ein.

1 Ein Kapital von 3 000 € wird auf ein Sparbuch eingezahlt. Nach 120 Tagen werden von der Sparkasse 40 € Zinsen gutgeschrieben. Berechne den Zinssatz.

2 Ein Darlehen von 13 500 € wird nach 8 Monaten zurückgezahlt. An Zinsen werden 1 260 € gezahlt. Berechne den Zinssatz.

3 Berechne den Zinssatz, wenn für ein Kapital von 2 700 € nach 30 Tagen 20,25 € Zinsen bezahlt werden müssen.

4 Auf einem Sparbuch sind am 15. Mai 880 €. Die Zinsen am Ende des Jahres betragen 24,75 €. Berechne den Zinssatz.

5 Ein Bankkunde nimmt einen Kredit von 9 000 € auf. Nach 10 Monaten Laufzeit muss der Kunde 9 780 € zurückzahlen. Zu welchem Zinssatz wurde das Geld ausgeliehen?

6 Ein Kunde überzieht sein Girokonto 12 Tage lang um 810 €. Ihm werden 2,97 € Überziehungszinsen berechnet. Wie hoch war der Zinssatz?

7 Für ein Anschaffungsdarlehen von 4 500 € müssen nach einer Laufzeit von 9 Monaten 270 € Zinsen bezahlt werden. Berechne den Zinssatz.

8

Kapital	855 €	720 €	4 200 €	2 250 €	18 000 €
Zinssatz	%	%	%	%	%
Zinstage	240 Tage	10 Tage	150 Tage	8 Tage	300 Tage
Zinsen	114 €	3 €	175 €	9 €	1 125 €

4%	4,5%	7,5%	8%	9%	10%	10,4%	11%	14%	15%	18%	20%

Den Zinssatz berechnen

Kapital (K) = 9 000 €
Zinsen (Z) = 75 €
Laufzeit (t) = 60 Tage

Der Zinssatz ($p\%$) wird gesucht.

$Z = K \cdot p\% \cdot t : 360$
$75 = 9\,000 \cdot p\% \cdot 60 : 360$
$75 = p\% \cdot 1\,500$
$75 : 1\,500 = p\%$
$p\% = 0{,}05 = 5\%$
Der Zinssatz beträgt 5 %.

Zur Kontrolle: Die Lösungen findest du unten auf der Seite. Vergleiche.

1

Kapital	900 €	12 000 €	2 250 €	6 300 €
Zinssatz	%	%	%	%
Laufzeit	300 Tage	200 Tage	8 Tage	240 Tage
Zinsen	45 €	200 €	5 €	168 €

2

Kapital	1 200 €	3 000 €	2 700 €	3 600 €
Zinssatz	%	%	%	%
Laufzeit	300 Tage	160 Tage	30 Tage	180 Tage
Zinsen	85 €	120 €	18 €	63 €

3

Kapital	300 €	4 500 €	2 160 €	9 600 €
Zinssatz	%	%	%	%
Laufzeit	60 Tage	240 Tage	300 Tage	240 Tage
Zinsen	6 €	135 €	36 €	608 €

4

Kapital	1 600 €	300 €	3 600 €	9 000 €
Zinssatz	%	%	%	%
Laufzeit	225 Tage	16 Tage	300 Tage	180 Tage
Zinsen	25 €	1 €	195 €	315 €

2%	2,5%	3%	3,5%	4%	4,5%	6%	6,5%
7%	7,5%	8%	8,5%	9%	9,5%	10%	12%

Prozent- und Zinsrechnung

Notiere jeweils die Lösungen.

1 Schreibe $\frac{4}{5}$ als Prozentsatz. ____ %

2 Eine Ware kostet 45 €. Der Preis wird um 8 % erhöht.
Um wie viel € wird der Preis erhöht? ____ €

3 Ein Mantel kostet 250 €. Wegen einer geringen Verschmutzung wird der Preis um 75 € ermäßigt.
Um wie viel Prozent wird der Preis ermäßigt? ____ %

4 Bei einem Räumungsverkauf wird eine Ware 40 % unter dem ursprünglichen Preis verkauft. Die Ersparnis beträgt 144 €.
Berechne den ursprünglichen Preis. ____ €

5 Eine Versicherung erhöht die Jahresprämie um 2,5 %.
Die alte Prämie betrug 1 120 €.
Berechne die neue Prämie. ____ €

6 Frau Schmidt verdient nach einer Gehaltserhöhung 1 558 €.
Bisher verdiente sie 1 520 €.
Um wie viel Prozent ist das Gehalt erhöht worden? ____ %

7 Nach einer Preiserhöhung von 2,5 % kostet eine Ware 369 €.
Berechne den alten Preis. ____ €

8 Nach einer Preisermäßigung von 8 % kostet eine Ware 782 €.
Berechne den alten Preis. ____ €

9 Karl hat 3 120 € gespart. Eine Sparkasse verzinst das Geld auf einem Sparbuch mit einem Zinssatz von 2,75 % pro Jahr.
Wie viel € Zinsen erhält Karl nach einem Jahr? ____ €

10 Für einen Kredit in Höhe von 4 500 € berechnet eine Bank nach einem Jahr 333 € Zinsen.
Berechne den Zinssatz. ____ %

11 Ein Guthaben von 2 700 € wird mit einem Zinssatz von 3 % verzinst.
Wie viel € Zinsen erhält man nach 200 Zinstagen? ____ €

Die Lösungen findest du auf der Seite 160.

Größen

Zur Kontrolle: Notiere jeweils die Lösungen.

Nr.	Aufgabe	Lösung
1	Wie viel Meter sind 85 Dezimeter?	___ m
2	Wie viel Millimeter sind 0,8 Meter?	___ mm
3	Wie viel Quadratdezimeter sind 0,75 Quadratmeter?	___ dm^2
4	Wie viel Ar sind 50 Quadratmeter?	___ a
5	Wie viel Kubikdezimeter sind 2 Kubikmeter?	___ dm^3
6	Wie viel Kubikzentimeter sind 40 Kubikmillimeter?	___ cm^3
7	Wie viel Deziliter sind 350 Milliliter?	___ dl
8	Wie viel Deziliter sind 50 Liter?	___ dl
9	Wie viel Liter sind 740 Kubikzentimeter?	___ l
10	Wie viel Gramm sind 2,05 Kilogramm?	___ g
11	Wie viel Gramm sind 180 Milligramm?	___ g
12	Wie viele Minuten sind 2 Stunden und 45 Minuten?	___ min
13	Wie viele Minuten und Sekunden sind 75 Sekunden?	___ min ___ s
14	4 h 52 min + 1 h 50 min	___ h ___ min
15	8 h 15 min – 5 h 40 min	___ h ___ min

Die Lösungen findest du auf der Seite 160.

Längenmaße umrechnen

1 mm	· 10 →	1 cm	· 10 →	1 dm	· 10 →	1 m	· 10 →		· 10 →		· 10 →	1 km
1 Millimeter		1 Zentimeter		1 Dezimeter		1 Meter						1 Kilometer

1 000 mm = 100 cm = 10 dm = 1 m

1 000 m = 1 km

3,5 dm = ___ mm
1 dm = 1 mm · 10 · 10 = 100 mm
3,5 dm = 3,5 · 100 mm = 350 mm

2,8 cm = ___ m
1 cm = 1 m : 10 : 10 = 0,01 m
2,8 cm = 2,8 · 0,01 m = 0,028 m

Zur Kontrolle: Unten auf der Seite findest du alle Lösungen. Vergleiche.

1

m	1,4 m	14 m	50 m	0,5 m	1,25 m	0,07 m
cm	cm	cm	cm	cm	cm	cm

2

m	m	m	m	m	m	m
cm	14 cm	1 020 cm	50 cm	600 cm	12,5 cm	6 cm

3

mm	2 mm	350 mm	5 mm	300 mm	3 mm	900 mm
dm	dm	dm	dm	dm	dm	dm

4

mm	mm	mm	mm	mm	mm	mm
dm	0,04 dm	0,012 dm	80 dm	0,12 dm	0,14 dm	0,007 dm

5

km	3 km	km	0,005 km	km	0,18 km	km
m	m	120 000 m	m	40 000 m	m	34 000 m

0,02	0,03	0,05	0,06	0,125	0,14	0,5	0,7	1,2	3
3,5	4	5	6	7	9	10,2	12	14	34
40	50	120	125	140	180	1 400	3 000	5 000	8 000

Flächenmaße umrechnen

1 mm^2	$\xrightarrow{\cdot 100}$	1 cm^2	$\xrightarrow{\cdot 100}$	1 dm^2	$\xrightarrow{\cdot 100}$	1 m^2	$\xrightarrow{\cdot 100}$	1 a	$\xrightarrow{\cdot 100}$	1 ha	$\xrightarrow{\cdot 100}$	1 km^2
1 Quadrat-millimeter		1 Quadrat-zentimeter		1 Quadrat-dezimeter		1 Quadrat-meter		1 Ar		1 Hektar		1 Quadrat-kilometer

1 000 000 mm^2 = 10 000 cm^2 = 100 dm^2 = 1 m^2
1 000 000 m^2 = 10 000 a = 100 ha = 1 km^2

4,2 ha = ☐ m^2
1 ha = 1 m^2 · 100 · 100 = 10 000 m^2
4,2 ha = 4,2 · 10 000 m^2 = 42 000 m^2

5,6 dm^2 = ☐ m^2
1 dm^2 = 1 m^2 : 100 = 0,01 m^2
5,6 dm^2 = 5,6 · 0,01 m^2 = 0,056 m^2

Zur Kontrolle: Unten auf der Seite findest du alle Lösungen. Vergleiche.

1

m^2	0,25 m^2	25 m^2	50 m^2	0,025 m^2	1,25 m^2	5 m^2
dm^2	☐ dm^2	☐ dm^2	☐ dm^2	☐ dm^2	☐ dm^2	☐ dm^2

2

dm^2	☐ dm^2	☐ dm^2	☐ dm^2	☐ dm^2	☐ dm^2	☐ dm^2
cm^2	2 600 cm^2	150 cm^2	2,5 cm^2	4 000 cm^2	200 cm^2	8 000 cm^2

3

a	60 a	12 500 a	40 000 a	300 a	50 a	900 a
km^2	☐ km^2	☐ km^2	☐ km^2	☐ km^2	☐ km^2	☐ km^2

4

a	☐ a	☐ a	☐ a	☐ a	☐ a	☐ a
ha	4,5 ha	0,28 ha	0,028 ha	3 ha	0,003 ha	0,35 ha

5

mm^2	800 mm^2	☐ mm^2	20 mm^2	☐ mm^2	90 mm^2	☐ mm^2
dm^2	☐ dm^2	0,8 dm^2	☐ dm^2	0,6 dm^2	☐ dm^2	2 dm^2

0,002	0,005	0,006	0,009	0,025	0,03	0,08	0,09	0,3	1,25
1,5	2	2,5	2,8	4	25	26	28	35	40
80	125	300	450	500	2 500	5 000	6 000	8 000	20 000

Körpermaße umrechnen

1 mm^3	$\xrightarrow{\cdot 1000}$	1 cm^3	$\xrightarrow{\cdot 1000}$	1 dm^3	$\xrightarrow{\cdot 1000}$	1 m^3
1 Kubikmillimeter		1 Kubikzentimeter		1 Kubikdezimeter		1 Kubikmeter
1 000 000 000 mm^3	=	1 000 000 cm^3	=	1 000 dm^3	=	1 m^3

1,2 m^3 = ▢ dm^3
1 m^3 = 1 dm^3 · 1 000 = 1 000 dm^3
1,2 m^3 = 1,2 · 1 000 dm^3 = 1 200 dm^3

260 dm^3 = ▢ m^3
1 dm^3 = 1 m^3 : 1 000 = 0,001 m^3
260 dm^3 = 260 · 0,001 m^3 = 0,26 m^3

Zur Kontrolle: Unten auf der Seite findest du alle Lösungen. Vergleiche.

1

cm^3	80 cm^3	0,08 cm^3	50 cm^3	0,5 cm^3	2,5 cm^3	0,25 cm^3
mm^3	▢ mm^3	▢ mm^3	▢ mm^3	▢ mm^3	▢ mm^3	▢ mm^3

2

dm^3	▢ dm^3	▢ dm^3	▢ dm^3	▢ dm^3	▢ dm^3	▢ dm^3
cm^3	8 000 cm^3	50 cm^3	20 cm^3	12 000 cm^3	5 000 cm^3	40 000 cm^3

3

dm^3	500 dm^3	1 200 dm^3	6 000 dm^3	250 dm^3	8 dm^3	60 dm^3
m^3	▢ m^3	▢ m^3	▢ m^3	▢ m^3	▢ m^3	▢ m^3

4

mm^3	▢ mm^3	▢ mm^3	▢ mm^3	▢ mm^3	▢ mm^3	▢ mm^3
cm^3	0,6 cm^3	5 cm^3	0,025 cm^3	0,125 cm^3	0,05 cm^3	40 cm^3

5

dm^3	0,3 dm^3	▢ dm^3	12 dm^3	▢ dm^3	1,5 dm^3	▢ dm^3
cm^3	▢ cm^3	30 cm^3	▢ cm^3	30 000 cm^3	▢ cm^3	15 000 cm^3

0,008	0,02	0,03	0,05	0,06	0,25	0,5	1,2	5	6
8	12	15	25	30	40	50	80	125	250
300	500	600	1 500	2 500	5 000	12 000	40 000	50 000	80 000

Hohlmaße umrechnen

1 cm^3 = 1 ml	· 10 →	1 cl	· 10 →	1 dl	· 10 →	1 l = 1 dm^3	· 10 →		· 10 →	1 hl
1 Milliliter		1 Zentiliter		1 Deziliter		1 Liter				1 Hektoliter

1 000 ml = 100 cl = 10 dl = 1 l

100 l = 1 hl

4,5 l = ▢ cl
1 l = 1 cl · 10 · 10 = 100 cl
4,5 l = 4,5 · 100 cl = 450 cl

14 cl = ▢ dl
1 cl = 1 dl : 10 = 0,1 dl
14 cl = 14 · 0,1 dl = 1,4 dl

Zur Kontrolle: Unten auf der Seite findest du alle Lösungen. Vergleiche.

1

dl	3 dl	0,3 dl	40 dl	0,01 dl	45 dl	0,025 dl
ml	ml	ml	ml	ml	ml	ml

2

dl	dl	dl	dl	dl	dl	dl
ml	5 000 ml	2 ml	600 ml	45 ml	8 ml	125 ml

3

ml	3 ml	350 ml	0,4 ml	120 ml	30 ml	800 ml
cl	cl	cl	cl	cl	cl	cl

4

ml	ml	ml	ml	ml	ml	ml
cl	300 cl	0,8 cl	80 cl	2,5 cl	4 cl	0,02 cl

5

hl	4 hl	hl	3,5 hl	hl	0,05 hl	hl
l	l	1 500 l	l	1 000 l	l	25 l

0,02	0,04	0,08	0,2	0,25	0,3	0,45	1	1,25	2,5
3	5	6	8	10	12	15	25	30	35
40	50	80	300	350	400	800	3 000	4 000	4 500

Gewichtsmaße umrechnen

1 mg	$\xrightarrow{\cdot 1\,000}$	1 g	$\xrightarrow{\cdot 1\,000}$	1 kg	$\xrightarrow{\cdot 1\,000}$	1 t
1 Milligramm		1 Gramm		1 Kilogramm		1 Tonne
1 000 000 mg	=	1 000 g	=	1 kg		
				1 000 kg	=	1 t

3 kg = ___ g
1 kg = 1 g · 1 000 = 1 000 g
3 kg = 3 · 1 000 g = 3 000 g

50 g = ___ kg
1 g = 1 kg : 1 000 = 0,001 kg
50 g = 50 · 0,001 kg = 0,05 kg

Zur Kontrolle: Unten auf der Seite findest du alle Lösungen. Vergleiche.

1

kg	6 kg	20 kg	0,6 kg	0,04 kg	22,5 kg	1,25 kg
g	___ g	___ g	___ g	___ g	___ g	___ g

2

kg	___ kg	___ kg	___ kg	___ kg	___ kg	___ kg
g	400 g	1 500 g	40 g	15 000 g	1 250 g	750 g

3

g	5 g	0,2 g	1,75 g	0,08 g	2,4 g	60 g
mg	___ mg	___ mg	___ mg	___ mg	___ mg	___ mg

4

g	___ g	___ g	___ g	___ g	___ g	___ g
mg	2 500 mg	4 000 mg	150 mg	250 mg	25 000 mg	800 mg

5

t	0,45 t	___ t	0,125 t	___ t	0,06 t	___ t
kg	___ kg	45 000 kg	___ kg	12 500 kg	___ kg	125 kg

0,04	0,125	0,15	0,25	0,4	0,75	0,8	1,25	1,5	2,5
4	12,5	15	25	40	45	60	80	125	200
450	600	1 250	1 750	2 400	5 000	6 000	20 000	22 500	60 000

Zeitmaße umrechnen

1 s	$\xrightarrow{\cdot 60}$	1 min	$\xrightarrow{\cdot 60}$	1 h
1 Sekunde		1 Minute		1 Stunde
3 600 s	=	60 min	=	1 h

2,5 h = ▢ min
1 h = 1 min · 60 = 60 min
2,5 h = 2,5 · 60 min = 150 min

270 min = ▢ h
1 min = 1 h : 60
270 min = 270 · 1 h : 60 = 4,5 h

Zur Kontrolle: Unten auf der Seite findest du alle Lösungen. Vergleiche.

1

h	2 h	1,4 h	0,4 h	1,3 h
min	▢ min	▢ min	▢ min	▢ min
s	▢ s	▢ s	▢ s	▢ s

2

h	0,25 h	▢ h	0,75 h	▢ h
min	▢ min	72 min	▢ min	165 min
s	▢ s	▢ s	▢ s	▢ s

3

h	0,2 h	▢ h	0,6 h	▢ h
min	▢ min	▢ min	▢ min	▢ min
s	▢ s	8 100 s	▢ s	5 760 s

4

h	▢ h	▢ h	▢ h	▢ h
min	▢ min	48 min	▢ min	102 min
s	8 280 s	▢ s	10 800 s	▢ s

0,8	1,2	1,6	1,7	2,25	2,3	2,75	3
12	15	24	36	45	78	84	96
120	135	138	180	720	900	1 440	2 160
2 700	2 880	4 320	4 680	5 040	6 120	7 200	9 900

Zeitmaße umrechnen

3 h 20 min = ☐ min
3 · 60 min + 20 min = 180 min + 20 min
3 h 20 min = 200 min

250 min = ☐ h ☐ min
250 min : 60 = 4 h + 10 min
240
10

Zur Kontrolle: Unten auf der Seite findest du alle Lösungen. Vergleiche.

1. 3 h 28 min = ☐ min
2. 2 h 45 min = ☐ min
3. 5 h 28 min = ☐ min
4. 7 h 15 min = ☐ min
5. 3 h 48 min = ☐ min
6. 4 h 17 min = ☐ min
7. 2 h 54 min = ☐ min
8. 2 h 44 min = ☐ min
9. 7 h 8 min = ☐ min
10. 3 h 52 min = ☐ min
11. 3 h 15 min = ☐ min
12. 8 h 13 min = ☐ min
13. 400 min = ☐ h ☐ min
14. 334 min = ☐ h ☐ min
15. 112 min = ☐ h ☐ min
16. 500 min = ☐ h ☐ min
17. 472 min = ☐ h ☐ min
18. 380 min = ☐ h ☐ min
19. 144 min = ☐ h ☐ min
20. 490 min = ☐ h ☐ min
21. 242 min = ☐ h ☐ min
22. 198 min = ☐ h ☐ min
23. 250 min = ☐ h ☐ min
24. 553 min = ☐ h ☐ min

164 min	165 min	174 min	195 min	208 min	228 min	232 min	257 min
328 min	428 min	435 min	493 min	1 h 52 min	2 h 24 min	3 h 18 min	4 h 2 min
4 h 10 min	5 h 34 min	6 h 20 min	6 h 40 min	7 h 52 min	8 h 10 min	8 h 20 min	9 h 13 min

Zeiten addieren und subtrahieren

5 h 20 min + 2 h 50 min = ☐ h ☐ min	5 h 20 min – 2 h 50 min = ☐ h ☐ min
(5 h + 2 h) + (20 min + 50 min) = 7 h 70 min	(5 h – 2 h) + (20 min – 50 min) = ☐ h ☐ min
7 h 70 min = 8 h 10 min	(**4** h – 2 h) + (**80** min – 50 min) = 2 h 30 min

Zur Kontrolle: Unten auf der Seite findest du alle Lösungen. Vergleiche.

1 3 h 50 min + 3 h 28 min = ☐ h ☐ min	13 5 h 25 min – 2 h 45 min = ☐ h ☐ min
2 3 h 45 min + 2 h 10 min = ☐ h ☐ min	14 7 h 12 min – 3 h 42 min = ☐ h ☐ min
3 5 h 24 min + 3 h 50 min = ☐ h ☐ min	15 4 h 50 min – 1 h 59 min = ☐ h ☐ min
4 4 h 30 min + 2 h 55 min = ☐ h ☐ min	16 7 h 14 min – 1 h 34 min = ☐ h ☐ min
5 5 h 15 min + 3 h 48 min = ☐ h ☐ min	17 4 h 45 min – 2 h 12 min = ☐ h ☐ min
6 2 h 20 min + 1 h 30 min = ☐ h ☐ min	18 8 h 25 min – 1 h 57 min = ☐ h ☐ min
7 7 h 55 min + 1 h 23 min = ☐ h ☐ min	19 4 h 35 min – 2 h 40 min = ☐ h ☐ min
8 5 h 50 min + 2 h 16 min = ☐ h ☐ min	20 7 h 10 min – 2 h 31 min = ☐ h ☐ min
9 3 h 35 min + 1 h 45 min = ☐ h ☐ min	21 3 h 21 min – 1 h 50 min = ☐ h ☐ min
10 4 h 15 min + 4 h 52 min = ☐ h ☐ min	22 8 h 30 min – 5 h 40 min = ☐ h ☐ min
11 5 h 39 min + 3 h 43 min = ☐ h ☐ min	23 5 h 50 min – 1 h 30 min = ☐ h ☐ min
12 3 h 30 min + 1 h 40 min = ☐ h ☐ min	24 9 h 25 min – 2 h 30 min = ☐ h ☐ min

1 h 31 min	1 h 55 min	2 h 33 min	2 h 40 min	2 h 50 min	2 h 51 min	3 h 30 min	3 h 50 min
4 h 20 min	4 h 39 min	5 h 10 min	5 h 20 min	5 h 40 min	5 h 55 min	6 h 28 min	6 h 55 min
7 h 18 min	7 h 25 min	8 h 6 min	9 h 3 min	9 h 7 min	9 h 14 min	9 h 18 min	9 h 22 min

Im Fahrplan rechnen

Ankunftszeit – Abfahrtszeit = Fahrzeit
Abfahrtszeit + Fahrzeit = Ankunftszeit
Ankunftszeit – Fahrzeit = Abfahrtszeit

Im Fahrplan werden die Stunden und Minuten durch einen Doppelpunkt getrennt.

Zur Kontrolle: Unten auf der Seite findest du alle Lösungen. Vergleiche.

	Abfahrtszeit	Ankunftszeit	Fahrzeit
1	1:30	6:45	h min
2	2:54	6:15	h min
3	14:35	19:45	h min
4	4:50	8:18	h min
5	3:55	9:20	h min
6	13:50	22:21	h min
7	10:25	12:59	h min
8	7:15	9:10	h min
9	15:45	20:20	h min
10	7:12	16:50	h min
11	6:16	12:34	h min
12	21:20	23:45	h min

	Abfahrtszeit	Ankunftszeit	Fahrzeit
13		8:50	5 h 25 min
14	19:23		3 h 57 min
15	4:34	9:45	h min
16		23:30	4 h 14 min
17	9:50		1 h 56 min
18	5:11	11:55	h min
19		22:58	3 h 26 min
20	17:25		3 h 50 min
21	2:58	10:28	h min
22		4:40	2 h 50 min
23	16:16		2 h 49 min
24	13:53	18:47	h min

1 : 50	1 h 55 min	2 h 25 min	2 h 34 min	3 h 21 min	3 : 25	3 h 28 min	4 h 35 min
4 h 54 min	5 h 10 min	5 h 11 min	5 h 15 min	5 h 25 min	6 h 18 min	6 h 44 min	7 h 30 min
8 h 31 min	9 h 38 min	11 : 46	19 : 05	19 : 16	19 : 32	21 : 15	23 : 20

Maßeinheiten umrechnen

Zur Kontrolle: Unten auf der Seite findest du alle Lösungen. Vergleiche.

1 Zoll ist ein englisches Längenmaß.

Zoll (inch)	1 in	5 in	40 in	25 in
Zentimeter	2,54 cm	cm	cm	cm

2 In der Luftfahrt werden Flughöhen in Fuß angegeben.

Fuß (foot)	1 ft	50 ft	30 000 ft	240 ft
Meter	0,305 m	m	m	m

3 Yard ist ein englisches Längenmaß.

Yard	1 yd	100 yd	25 yd	110 yd
Meter	0,914 m	m	m	m

4 In der Seefahrt werden Entfernungen in Seemeilen angegeben.

Seemeile	1 sm	5 sm	20 sm	2,5 sm
Kilometer	1,852 km	km	km	km

5 Die Meile ist ein englisches Maß für Entfernungen.

Meile (mile)	1 m	6 m	120 m	30 m
Kilometer	1,609 km	km	km	km

6 Pfund (pound) ist ein englisches Gewichtsmaß.

Pfund (pound)	1 lb	15 lb	25 lb	4,5 lb
Kilogramm	0,454 kg	kg	kg	kg

7 In England wird der Tankinhalt in Gallonen gemessen.

Gallone (gallon)	1 gal	15 gal	0,5 gal	20 gal
Liter	4,546 l	l	l	l

2,043	2,273	4,63	6,81	9,26	9,654	11,35
12,7	15,25	22,85	37,04	48,27	63,5	68,19
73,2	90,92	91,4	100,54	101,6	193,08	9150

Zur Kontrolle: Notiere jeweils die Lösungen.

Nr.	Aufgabe	Lösung
1	Wie viel Millimeter sind 0,6 Meter?	___ mm
2	Wie viel Meter sind 16 Dezimeter?	___ m
3	Wie viel Quadratdezimeter sind 0,45 Quadratmeter?	___ dm^2
4	Wie viel Ar sind 40 Quadratmeter?	___ a
5	Wie viel Kubikzentimeter sind 70 Kubikmillimeter?	___ cm^3
6	Wie viel Kubikdezimeter sind 3,5 Kubikmeter?	___ dm^3
7	Wie viel Deziliter sind 28 Liter?	___ dl
8	Wie viel Deziliter sind 750 Milliliter?	___ dl
9	Wie viel Liter sind 230 Kubikzentimeter?	___ l
10	Wie viel Gramm sind 280 Milligramm?	___ g
11	Wie viel Gramm sind 2,08 Kilogramm?	___ g
12	Wie viele Minuten sind 2 Stunden und 35 Minuten?	___ min
13	Wie viele Minuten und Sekunden sind 108 Sekunden?	___ min ___ s
14	4 h 42 min + 1 h 52 min	___ h ___ min
15	7 h 25 min – 2 h 50 min	___ h ___ min

Die Lösungen findest du auf der Seite 160.

Gleichungen

Zur Kontrolle: Notiere jeweils die Lösungen.

1. $2 \cdot x - 16 = 18$

2. $25 - 3 \cdot x = x - 15$

3. $48 - (2 \cdot x + 8) = 10$

4. $16 + 4 \cdot (3 \cdot x - 6) = 40$

5. $12 = 56 - 2 \cdot (3 \cdot x + 4)$

6. $x : 45 = 2 : 5$

7. $5 : x = 15 : 6$

8. Für ein Handy werden pro Minute Gesprächsdauer 0,89 € berechnet. Zusätzlich muss eine monatliche Grundgebühr bezahlt werden. Für 18 Minuten Gesprächsdauer müssen am Ende des Monats einschließlich Grundgebühr 39,02 € bezahlt werden. Berechne die Grundgebühr. ______ €

9. Eine 2,60 m lange Holzleiste wird in zwei Teile zersägt. Das längere Stück ist 1,20 m länger als das kürzere Stück. Wie lang ist das kürzere Stück? ______ m

10. In 4 kg einer Farbmischung ist 1,5-mal so viel rote Farbe wie gelbe Farbe enthalten. Wie viel kg gelbe Farbe sind in der Mischung enthalten? ______ kg

11. 1,5 Liter Wasser mit einer Temperatur von 24° Celsius werden mit 2,5 Litern Wasser mit einer Temperatur von 40° Celsius gemischt. Berechne die Temperatur der Mischung. ______ °C

12. Wie viel Liter destilliertes Wasser (Salzgehalt 0 %) muss man zu 3 Litern einer 25 %igen Salzlösung geben, um eine 15 %ige Lösung zu erhalten? ______ l

13. $F = 6$; $a = 5$
    Ersetze in der Formel $F = 2 \cdot a + 3 \cdot b - 25$ die Variablen durch die Zahlen und berechne b.

Die Lösungen findest du auf der Seite 160.

$2x = 6$

Gleichungen lösen

		Gleichung		
$\mathbf{4 + 3 \cdot x = 25}$		**Gleichung**	$\mathbf{-10 = -2 \cdot x - 2}$	
$4 + 3 \cdot x = 25$ $4 + 3 \cdot x \mathbf{- 4} = 25 \mathbf{- 4}$	$\vert \mathbf{-4}$	Der Rechenausdruck mit x soll allein auf einer Seite der Gleichung stehen.	$-10 = -2 \cdot x - 2$ $-10 \mathbf{+ 2} = -2 \cdot x - 2 \mathbf{+ 2}$	$\vert \mathbf{+2}$
$3 \cdot x = 21$ $3 \cdot x \mathbf{: 3} = 21 \mathbf{: 3}$	$\vert \mathbf{:3}$	Dividiere beide Seiten der Gleichung durch den Faktor.	$-8 = -2 \cdot x$ $-8 \mathbf{: 2} = -2 \cdot x \mathbf{: 2}$	$\vert \mathbf{:2}$
		Ist x negativ, multipliziere beide Seiten der Gleichung mit (–1).	$-4 = -x$ $-4 \cdot \mathbf{(-1)} = -x \cdot \mathbf{(-1)}$	$\vert \cdot \mathbf{(-1)}$
$x = 7$		**Lösung**	$x = 4$	

Zur Kontrolle: Unter den Aufgaben findest du alle Lösungen. Vergleiche.

1. $8 + 2 \cdot x = 12$ $x =$
2. $36 = 6 + 3 \cdot x$ $x =$
3. $60 - 4 \cdot x = 40$ $x =$
4. $-4 + 3 \cdot x = 14$ $x =$
5. $-2 + 2 \cdot x = 20$ $x =$
6. $34 - 3 \cdot x = -2$ $x =$
7. $-5 = -9 + 4 \cdot x$ $x =$
8. $15 = 50 - 5 \cdot x$ $x =$
9. $7 + 3 \cdot x = 46$ $x =$
10. $-10 + 3 \cdot x = 35$ $x =$
11. $-55 - 12 \cdot x = -91$ $x =$
12. $-30 = -62 + 2 \cdot x$ $x =$
13. $-40 = -8 - 8 \cdot x$ $x =$
14. $8 - 2 \cdot x = -8$ $x =$
15. $-109 + 12 \cdot x = -1$ $x =$
16. $48 - 4 \cdot x = -8$ $x =$

1 2 3 4 5 6 7 8 9 10 11 12 13 14 15 16

17. $48 + 4 \cdot x = 116$ $x =$
18. $14 = -86 + 5 \cdot x$ $x =$
19. $-180 + 5 \cdot x = -60$ $x =$
20. $-1 - 8 \cdot x = -177$ $x =$
21. $-97 + 3 \cdot x = -1$ $x =$
22. $-40 - 3 \cdot x = -109$ $x =$
23. $124 = -1 + 5 \cdot x$ $x =$
24. $-170 = -40 - 5 \cdot x$ $x =$
25. $7 + 4 \cdot x = 91$ $x =$
26. $-25 + 2 \cdot x = 35$ $x =$
27. $103 - 6 \cdot x = -5$ $x =$
28. $-78 = -40 - 2 \cdot x$ $x =$
29. $101 = -54 + 5 \cdot x$ $x =$
30. $6 + 2 \cdot x = 60$ $x =$
31. $-225 + 8 \cdot x = -1$ $x =$
32. $-2 + 3 \cdot x = 85$ $x =$

17 18 19 20 21 22 23 24 25 26 27 28 29 30 31 32

Gleichungen lösen

$2x = 6$

$\mathbf{5 \cdot x - 18 = 3 - 2 \cdot x}$		**Gleichung**	$\mathbf{8 + 3 \cdot x = 5 \cdot x - 4}$
$5 \cdot x - 18 = 3 - 2 \cdot x$	$\mid + \mathbf{2 \cdot x}$	Der Rechenausdruck mit x soll allein auf einer Seite der Gleichung stehen.	$8 + 3 \cdot x = 5 \cdot x - 4 \quad \mid \mathbf{- 3 \cdot x}$
$5 \cdot x - 18 + \mathbf{2 \cdot x} = 3 - 2 \cdot x + \mathbf{2 \cdot x}$			$8 + 3 \cdot x - \mathbf{3 \cdot x} = 5 \cdot x - 4 - \mathbf{3 \cdot x}$
$7 \cdot x - 18 = 3$	$\mid + \mathbf{18}$		$8 = 2 \cdot x - 4 \quad \mid + 4$
$7 \cdot x - 18 + \mathbf{18} = 3 + \mathbf{18}$			$8 + \mathbf{4} = 2 \cdot x - 4 + \mathbf{4}$
$7 \cdot x = 21$	$\mid \mathbf{: 7}$	Dividiere beide Seiten der Gleichung durch den Faktor.	$12 = 2 \cdot x \quad \mid \mathbf{: 2}$
$7 \cdot x \mathbf{: 7} = 21 \mathbf{: 7}$			$12 \mathbf{: 2} = 2 \cdot x \mathbf{: 2}$
$x = 3$		**Lösung**	$x = 6$

Zur Kontrolle: Unter den Aufgaben findest du alle Lösungen. Vergleiche.

1. $60 + 3 \cdot x = 4 + 5 \cdot x$ $\quad x =$
2. $61 - 3 \cdot x = 1 + 9 \cdot x$ $\quad x =$
3. $50 - 4 \cdot x = 4 - 2 \cdot x$ $\quad x =$
4. $41 + 3 \cdot x = 14 + 6 \cdot x$ $\quad x =$
5. $4 - 2 \cdot x = -16 + 3 \cdot x$ $\quad x =$
6. $25 - 3 \cdot x = 1 + x$ $\quad x =$
7. $30 - x = 20 + 4 \cdot x$ $\quad x =$
8. $-8 - 2 \cdot x = 25 - 5 \cdot x$ $\quad x =$
9. $8 + 3 \cdot x = 80 - 3 \cdot x$ $\quad x =$
10. $-5 + 3 \cdot x = -35 + 5 \cdot x$ $\quad x =$
11. $308 - 11 \cdot x = 8 + x$ $\quad x =$
12. $30 + 6 \cdot x = 94 - 2 \cdot x$ $\quad x =$
13. $-50 + 6 \cdot x = -8 + 5 \cdot x$ $\quad x =$
14. $18 - 2 \cdot x = -8 - x$ $\quad x =$
15. $50 - 3 \cdot x = -2 \cdot x - 3$ $\quad x =$
16. $-2 + 3 \cdot x = 86 + x$ $\quad x =$

2	4	5	6	8	9	11	12	15	23	25	26	28	42	44	53

17. $5 + 3 \cdot x = 25 - 2 \cdot x$ $\quad x =$
18. $-4 - 3 \cdot x = 44 - 9 \cdot x$ $\quad x =$
19. $101 - 20 \cdot x = 11 - 2 \cdot x$ $\quad x =$
20. $50 + 5 \cdot x = 20 + 6 \cdot x$ $\quad x =$
21. $75 - 5 \cdot x = -30 + 10 \cdot x$ $\quad x =$
22. $-1 + 3 \cdot x = 39 - x$ $\quad x =$
23. $3 + x = -24 + 4 \cdot x$ $\quad x =$
24. $5 - 2 \cdot x = 53 - 5 \cdot x$ $\quad x =$
25. $63 - x = -2 + 4 \cdot x$ $\quad x =$
26. $4 - 3 \cdot x = -35 + 10 \cdot x$ $\quad x =$
27. $8 + 5 \cdot x = 80 + x$ $\quad x =$
28. $-4 + 6 \cdot x = 180 - 2 \cdot x$ $\quad x =$
29. $-3 + 6 \cdot x = 40 + 5 \cdot x$ $\quad x =$
30. $-5 - 2 \cdot x = -24 - x$ $\quad x =$
31. $286 - 3 \cdot x = 4 + 3 \cdot x$ $\quad x =$
32. $9 + 3 \cdot x = 369 - 5 \cdot x$ $\quad x =$

3	4	5	7	8	9	10	13	16	18	19	23	30	43	45	47

Gleichungen lösen

$7 + (2 \cdot x - 4) = 11$	$22 - (7 + 2 \cdot x) = 3 \cdot x$
Löse zuerst die Klammer auf.	
+ vor der Klammer: Die Klammer kann weggelassen werden. $7 + 2 \cdot x - 4 = 11$	– vor der Klammer: Kehre die Zeichen in der Klammer um. $22 - 7 - 2 \cdot x = 3 \cdot x$
Fasse zusammen.	
$3 + 2 \cdot x = 11$	$15 - 2 \cdot x = 3 \cdot x$
Der Rechenausdruck mit *x* soll allein auf einer Seite der Gleichung stehen.	
Subtrahiere auf beiden Seiten der Gleichung 3. $3 + 2 \cdot x - 3 = 11 - 3$	Addiere auf beiden Seiten der Gleichung $2 \cdot x$. $15 - 2 \cdot x + 2 \cdot x = 3 \cdot x + 2 \cdot x$
Fasse zusammen.	
$2 \cdot x = 8$	$15 = 5 \cdot x$
Dividiere beide Seiten der Gleichung durch 2.	Dividiere beide Seiten der Gleichung durch 5.
$x = 4$	$x = 3$

Zur Kontrolle: Unter den Aufgaben findest du alle Lösungen. Vergleiche.

1. $62 - (3 \cdot x + 4) = 4$ $x =$
2. $57 = 1 + (2 \cdot x - 4)$ $x =$
3. $-40 + (2 \cdot x + 2) = 4$ $x =$
4. $191 - (2 \cdot x - 1) = 6 \cdot x$ $x =$
5. $45 - (-2 \cdot x + 3) = 5 \cdot x$ $x =$
6. $28 = 1 + (4 \cdot x - 1)$ $x =$
7. $-19 - (-6 \cdot x - 9) = 4 \cdot x$ $x =$
8. $50 = 25 + (5 \cdot x + 5)$ $x =$
9. $-9 = 3 \cdot x - (6 \cdot x + 6)$ $x =$
10. $2 - (-x + 6) = 12$ $x =$
11. $x = -20 - (-4 \cdot x + 25)$ $x =$
12. $2 \cdot x - (60 - x) = -2 \cdot x$ $x =$

1 4 5 7 12 14 15 16 18 21 24 30

13. $2 = 4 - (-x + 4)$ $x =$
14. $3 - (-x + 5) = 1$ $x =$
15. $52 = 5 \cdot x + (2 \cdot x + 3)$ $x =$
16. $x - (2 \cdot x - 1) = -8$ $x =$
17. $x - (-4 \cdot x + 3) = 62$ $x =$
18. $50 = 12 + (4 \cdot x - 2)$ $x =$
19. $x - (-6 \cdot x + 11) = 6 \cdot x$ $x =$
20. $95 = 5 \cdot x - (-x - 5)$ $x =$
21. $89 - (5 \cdot x + 6) = 3$ $x =$
22. $3 \cdot x - (-x + 6) = 10$ $x =$
23. $12 = 6 - (-8 \cdot x + 2)$ $x =$
24. $x = 2 \cdot x - (-2 \cdot x + 60)$ $x =$

1 2 3 4 7 9 10 11 13 15 16 20

Gleichungen lösen

$2x = 6$

$1 + 3 \cdot (2 \cdot x - 2) = 13$	$34 - 2 \cdot (7 + 2 \cdot x) = x$
Multipliziere den Faktor in die Klammer.	
$1 + (3 \cdot 2 \cdot x - 3 \cdot 2) = 13$	$34 - (2 \cdot 7 + 2 \cdot 2 \cdot x) = x$
Fasse zusammen.	
$1 + (6 \cdot x - 6) = 13$	$34 - (14 + 4 \cdot x) = x$
+ vor der Klammer: Die Klammer kann weggelassen werden.	– vor der Klammer: Kehre die Zeichen in der Klammer um.
$1 + 6 \cdot x - 6 = 13$	$34 - 14 - 4 \cdot x = x$
Fasse zusammen.	
$-5 + 6 \cdot x = 13$	$20 - 4 \cdot x = x$
Der Rechenausdruck mit *x* soll allein auf einer Seite der Gleichung stehen.	
Addiere auf beiden Seiten der Gleichung 5.	Addiere auf beiden Seiten der Gleichung $4 \cdot x$.
$-5 + 6 \cdot x + 5 = 13 + 5$	$20 - 4 \cdot x + 4 \cdot x = x + 4 \cdot x$
Fasse zusammen.	
$6 \cdot x = 18$	$20 = 5 \cdot x$
Dividiere beide Seiten der Gleichung durch 6.	Dividiere beide Seiten der Gleichung durch 5.
$x = 3$	$x = 4$

Zur Kontrolle: Unter den Aufgaben findest du alle Lösungen. Vergleiche.

1. $6 + 2 \cdot (3 \cdot x - 8) = 8$ $x =$
2. $13 = 1 + 3 \cdot (2 \cdot x - 4)$ $x =$
3. $44 = 6 - 2 \cdot (-3 \cdot x + 2)$ $x =$
4. $2 - 4 \cdot (2 \cdot x - 4) = x$ $x =$
5. $-2 \cdot (-2 \cdot x + 3) = 70$ $x =$
6. $4 \cdot x = 41 + 3 \cdot (-x + 5)$ $x =$
7. $-2 - 2 \cdot (-6 \cdot x - 9) = 76$ $x =$
8. $5 = 5 \cdot x - 5 \cdot (2 \cdot x - 30)$ $x =$
9. $5 \cdot x + 2 \cdot (2 \cdot x - 38) = 5$ $x =$
10. $-2 \cdot (-x + 6) = 12$ $x =$

2 3 4 5 7 8 9 12 19 29

Das Multiplikationszeichen vor der Klammer ist jetzt weggelassen worden.

11. $1 - 2(3 \cdot x - 8) = 5$ $x =$
12. $2 \cdot x = -3(x - 10)$ $x =$
13. $64 = 4 + 5(4 \cdot x - 20)$ $x =$
14. $12 - 4(2 \cdot x - 4) = -4$ $x =$
15. $2 - 2(2 \cdot x + 5) = -48$ $x =$
16. $5 = 41 - 2(5 \cdot x + 13)$ $x =$
17. $x - 2(-2 \cdot x + 20) = 20$ $x =$
18. $2 \cdot x = 4 - 5(4 \cdot x - 30)$ $x =$
19. $5(2 \cdot x - 36) = -2 \cdot x$ $x =$
20. $4 + 2(-x + 18) = 2$ $x =$

1 2 4 6 7 8 10 12 15 19

Gleichungen lösen

$$\begin{aligned} x : 8 &= 5 : 10 && |\cdot 8 \\ x &= 5 : 10 \cdot 8 \\ x &= 4 \end{aligned}$$

$$\begin{aligned} 6 : 10 &= x : 30 && |\cdot 30 \\ 6 : 10 \cdot 30 &= x \\ x &= 18 \end{aligned}$$

$$\begin{aligned} 2 : x &= 18 : 45 && |\cdot x \\ 2 &= 18 : 45 \cdot x && |\cdot 45 \\ 2 \cdot 45 &= 18 \cdot x && |: 18 \\ 2 \cdot 45 : 18 &= x \\ x &= 5 \end{aligned}$$

$$\begin{aligned} 25 : 2 &= 75 : x && |\cdot x \\ 25 : 2 \cdot x &= 75 && |\cdot 2 \\ 25 \cdot x &= 75 \cdot 2 && |: 25 \\ x &= 75 \cdot 2 : 25 \\ x &= 6 \end{aligned}$$

Zur Kontrolle: Die Lösungen findest du unten auf der Seite. Vergleiche.

1. $x : 8 = 5 : 4$ $x =$ ____
2. $6 : 2 = x : 6$ $x =$ ____
3. $45 : x = 20 : 4$ $x =$ ____
4. $25 : 10 = 55 : x$ $x =$ ____
5. $x : 8 = 30 : 3$ $x =$ ____
6. $25 : 10 = x : 40$ $x =$ ____
7. $50 : x = 75 : 3$ $x =$ ____
8. $90 : 12 = 105 : x$ $x =$ ____
9. $x : 9 = 14 : 42$ $x =$ ____
10. $75 : 15 = x : 3$ $x =$ ____
11. $2 : x = 8 : 80$ $x =$ ____
12. $60 : 15 = 24 : x$ $x =$ ____
13. $x : 12 = 120 : 30$ $x =$ ____
14. $144 : 8 = x : 9$ $x =$ ____
15. $1 : x = 12 : 300$ $x =$ ____
16. $4 : 100 = 11 : x$ $x =$ ____
17. $x : 5 = 84 : 6$ $x =$ ____
18. $1 : 20 = x : 160$ $x =$ ____
19. $2 : x = 7 : 175$ $x =$ ____
20. $6 : 8 = 30 : x$ $x =$ ____
21. $x : 9 = 11 : 99$ $x =$ ____
22. $21 : 3 = x : 24$ $x =$ ____
23. $72 : x = 576 : 40$ $x =$ ____
24. $2 : 33 = 6 : x$ $x =$ ____

1	2	3	5	6	8	9	10	14	15	18	20
22	25	40	48	50	70	80	99	100	162	168	275

Textgleichungen

Ein 7 cm langes Band ist in zwei Teile zerschnitten worden. Der längere Teil ist 3 cm länger als der kürzere Teil.
Wie lang ist der kürzere Teil?

Planfigur:

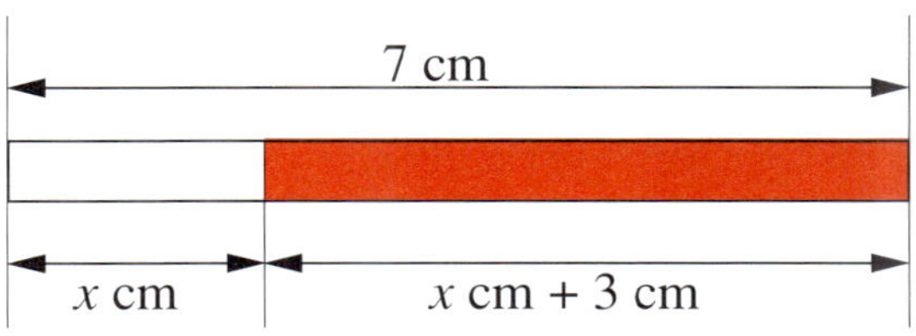

Gleichung:
$$\begin{aligned} x + x + 3 &= 7 \\ 2 \cdot x + 3 &= 7 \\ 2 \cdot x &= 4 \\ x &= 2 \end{aligned}$$

Der kürzere Teil ist 2 cm lang.

Ein 6 cm langes Band ist in zwei Teile zerschnitten worden. Der längere Teil ist 3-mal so lang wie der kürzere Teil.
Wie lang ist der kürzere Teil?

Planfigur:

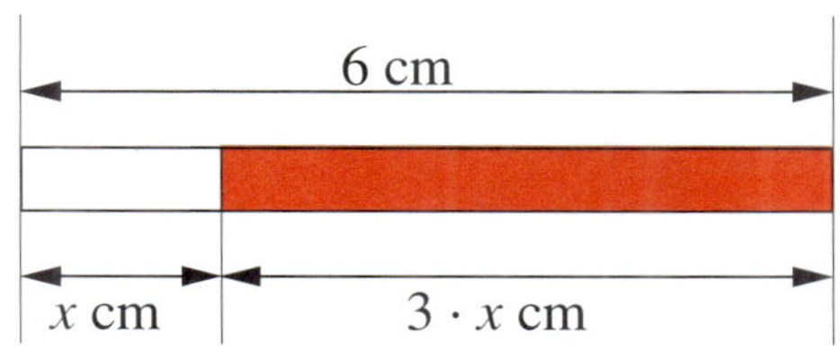

Gleichung:
$$\begin{aligned} x + 3 \cdot x &= 6 \\ 4 \cdot x &= 6 \\ x &= 1{,}5 \end{aligned}$$

Der kürzere Teil ist 1,5 cm lang.

Schreibe zu jeder Aufgabe zuerst die Gleichung auf.

Zur Kontrolle: Die Lösungen findest du unten auf der Seite. Vergleiche.

1. Eine 2,50 m lange Leiste soll in zwei Teile zersägt werden. Ein Teil soll 1,10 m länger sein als der andere Teil.
Wie lang ist der kürzere Teil?

2. Hans ist 17 Jahre älter als Peter. Zusammen sind sie 35 Jahre alt.
Wie alt ist Peter?

3. Ein Gewinn von 260 € wird aufgeteilt. Gerd erhält 126 € mehr als Toni.
Wie viel € erhält Toni?

4. Die Summe von zwei Zahlen ist 300. Eine Zahl ist um 128 größer als die andere Zahl.
Wie heißt die kleinere Zahl?

5. Die Summe von zwei Zahlen ist 126. Eine Zahl ist um 44 kleiner als die andere Zahl.
Berechne die größere Zahl.

6. Eine 1,50 m lange Leiste ist in zwei Teile zersägt worden. Ein Teil ist 1,5-mal so lang wie der andere Teil.
Wie lang ist der kürzere Teil?

7. In 9 kg einer Farbmischung ist 3,5-mal so viel rote Farbe wie weiße Farbe enthalten.
Wie viel kg weiße Farbe enthält die Mischung?

8. Die Summe von zwei Zahlen ist 180.
Eine Zahl ist 5-mal größer als die andere Zahl.
Wie heißt die kleinere Zahl?

9. Vater und Sohn sind zusammen 44 Jahre alt.
Der Vater ist 3-mal so alt wie der Sohn.
Wie alt ist der Sohn?

10. Ein Gewinn von 245 € wird aufgeteilt.
Anna erhält 2,5-mal mehr als Berta.
Wie viel € erhält Berta?

0,6	0,7	2	9	11	30	67	70	85	86

Mischungen

3 kg der Kaffeesorte A (Preis pro kg 7 €) werden mit 2 kg der Kaffeesorte B (Preis pro kg 6 €) gemischt.
Berechne den Preis pro kg der Mischung.

$3 \cdot 7 + 2 \cdot 6 = (3 + 2) \cdot x$	Vereinfache.
$21 + 12 = 5 \cdot x$	
$33 = 5 \cdot x$	Dividiere beide Seiten der Gleichung durch 5.
$x = 6{,}6$	

1 kg der Mischung kosten 6,60 €.

---

2 kg der Kaffeesorte A (Preis pro kg 8 €) werden mit 8 kg der Kaffeesorte B gemischt. Der Kilopreis der Mischung beträgt 6,80 €.
Berechne den Preis für 1 kg der Sorte B.

$2 \cdot 8 + 8 \cdot x = (2 + 8) \cdot 6{,}8$	Vereinfache.
$16 + 8 \cdot x = 10 \cdot 6{,}8$	
$16 + 8 \cdot x = 68$	Subtrahiere 16 auf beiden Seiten der Gleichung.
$8 \cdot x = 52$	Dividiere beide Seiten der Gleichung durch 8.
$x = 6{,}5$	

1 kg der Sorte B kosten 6,50 €.

Wie viel kg der Kaffeesorte A (Preis pro kg 5 €) sind mit 3 kg der Kaffeesorte B (Preis pro kg 8 €) gemischt worden, wenn der Kilopreis der Mischung 7 € beträgt?

$x \cdot 5 + 3 \cdot 8 = (x + 3) \cdot 7$	Vereinfache.
$x \cdot 5 + 24 = (x + 3) \cdot 7$	Multipliziere jedes Glied in der Klammer mit 7.
$x \cdot 5 + 24 = x \cdot 7 + 21$	Subtrahiere 21 auf beiden Seiten der Gleichung.
$x \cdot 5 + 3 = x \cdot 7$	Subtrahiere $x \cdot 5$ auf beiden Seiten der Gleichung.
$3 = x \cdot 2$	Dividiere beide Seiten der Gleichung durch 2.
$x = 1{,}5$	

In der Mischung sind 1,5 kg der Kaffeesorte A enthalten.

Mischungen

$2x = 6$

Zur Kontrolle: Vergleiche mit den Lösungen unten auf der Seite.

1 5 kg der Sorte A (Kilopreis 8 €) werden mit 3 kg der Sorte B (Kilopreis 12 €) gemischt. Wie viel € kostet 1 kg der Mischung?

Gleichung:
$5 \cdot 8 + 3 \cdot 12 = (5 + 3) \cdot x$

2 In einer Mischung (Kilopreis 10 €) sind 3 kg der Sorte A (Kilopreis 8 €) enthalten. Wie viel kg der Sorte B (Kilopreis 12 €) sind in der Mischung enthalten?

Gleichung:
$3 \cdot 8 + x \cdot 12 = (3 + x) \cdot 10$

3 6 kg der Sorte A (Kilopreis 14 €) werden mit 4 kg der Sorte B gemischt. Der Kilopreis der Mischung beträgt 13 €. Berechne den Kilopreis der Sorte B.

Gleichung:
$6 \cdot 14 + 4 \cdot x = (6 + 4) \cdot 13$

4 4 kg einer Farbe mit einem Anteil von 20% roter Farbe werden mit 1 kg einer Farbe mit einem Rotanteil von 10% gemischt. Berechne den Rotanteil in der Mischung in Prozent.

Gleichung:
$4 \cdot 20 + 1 \cdot 10 = (4 + 1) \cdot x$

5 3 kg einer Farbmischung mit einem Anteil von 30 % gelber Farbe werden mit 7 kg weißer Farbe (Gelbanteil 0%) gemischt. Berechne den prozentualen Anteil der gelben Farbe in der Mischung.

Gleichung:
$3 \cdot 30 + 7 \cdot 0 = (3 + 7) \cdot x$

6 Wie viel kg weiße Farbe (Grünanteil 0%) muss man zu 3 kg einer Farbmischung mit einem Grünanteil von 10% mischen, um den Grünanteil der Farbe auf 5% zu verringern?

Gleichung:
$x \cdot 0 + 3 \cdot 10 = (x + 3) \cdot 5$

Wasser dehnt sich bei Temperaturen über 4° Celsius beim Erwärmen aus und zieht sich beim Erkalten wieder zusammen.
Diese Änderungen sind sehr gering und sollen bei den folgenden Aufgaben nicht berücksichtigt werden.

7 2 Liter Wasser mit einer Temperatur von 20° Celsius werden mit 8 Litern Wassern mit einer Temperatur von 60° Celsius gemischt. Berechne die Mischtemperatur.

Gleichung:
$2 \cdot 20 + 8 \cdot 60 = (2 + 8) \cdot x$

8 Wie viel Liter Wasser mit einer Temperatur von 15° Celsius muss man zu 2 Litern mit einer Temperatur von 30° Celsius zugeben, um 20° Celsius warmes Wasser zu erhalten?

Gleichung:
$x \cdot 15 + 2 \cdot 30 = (x + 2) \cdot 20$

9 Berechne jeweils x.
Schreibe immer zuerst die Gleichung auf.

a)

Sorte A		Sorte B		Mischung A + B	
kg	€/kg	kg	€/kg	kg	€/kg
6	20,40	4	25		x
9	1,20	x	1,80		1,35

b)

Sorte A		Sorte B		Mischung A + B	
kg	€/kg	kg	€/kg	kg	€/kg
4	x	16	5		5,20
0,5	1,20	2,5	x		2,70

c)

Sorte A		Sorte B		Mischung A + B	
kg	€/kg	kg	€/kg	kg	€/kg
x	1,50	6	2		1,80
0,5	4,40	11	x		2,20

2,1 3 3 3 3 4 4 6 9 9,5 11,5 18 22,24 52

$2x = 6$

Mit einem Grundbetrag rechnen

Telefongesellschaften berechnen für ein Handy den Preis für die Anzahl der Minuten und außerdem eine monatliche Grundgebühr.

Anzahl der Minuten · Preis pro Minute + Grundgebühr = Gesamtpreis

28 Minuten
Preis pro Minute 0,35 €
Grundgebühr 9 €
Berechne den Gesamtpreis.

$28 \cdot 0{,}35 + 9 = x$
$9{,}8 + 9 = x$
$x = 18{,}8$

Der Gesamtpreis beträgt 18,80 €.

Preis pro Minute 0,30 €
Grundgebühr 5 €
Gesamtpreis 23 €
Berechne die Anzahl der Minuten.

$x \cdot 0{,}3 + 5 = 23$
$x \cdot 0{,}3 + 5 \mathbf{- 5} = 23 \mathbf{- 5}$
$x \cdot 0{,}3 = 18$
$x \cdot 0{,}3 \mathbf{: 0{,}3} = 18 \mathbf{: 0{,}3}$
$x = 60$

Dem Benutzer werden 60 Minuten berechnet.

44 Minuten
Preis pro Minute 0,25 €
Gesamtpreis 21 €
Berechne die Grundgebühr.

$44 \cdot 0{,}25 + x = 21$
$11 + x = 21$
$11 + x \mathbf{- 11} = 21 \mathbf{- 11}$
$x = 10$

Die Grundgebühr beträgt 10 €.

Zur Kontrolle: Die Lösungen findest du unten auf der Seite. Vergleiche.

1

Anzahl der Minuten	82	48	76	60
Preis pro Minute	0,15 €	0,19 €	0,18 €	0,49 €
Grundgebühr	23 €	10 €	13 €	9 €
Gesamtpreis	€	€	€	€

2

Anzahl der Minuten				
Preis pro Minute	0,19 €	0,29 €	0,25 €	0,39 €
Grundgebühr	23 €	10 €	13 €	9 €
Gesamtpreis	34,78 €	30,88 €	24,75 €	29,67 €

3

Anzahl der Minuten	60	45	86	36
Preis pro Minute	0,15 €	0,29 €	0,49 €	0,39 €
Grundgebühr	€	€	€	€
Gesamtpreis	32 €	25,05 €	51,14 €	24,04 €

9 10 12 19,12 23 26,68 35,30 38,40 47 53 62 72

Mit einem Grundbetrag rechnen

Zur Kontrolle: Die Lösungen findest du unten auf der Seite. Vergleiche.

1. Eine Taxifahrt kostet 1,10 € pro Kilometer. Zusätzlich muss eine Grundgebühr von 1,80 € bezahlt werden.
Ein Fahrgast ist 12 km mit dem Taxi gefahren. Wie viel € muss der Fahrgast bezahlen?

2. Ein Motorradverleih berechnet eine Grundgebühr von 25 €. Für jeden zurückgelegten Kilometer müssen 0,24 € bezahlt werden.
Ein Kunde zahlt 35,80 €.
Wie viel Kilometer ist er gefahren?

3. Eine Telefongesellschaft berechnet pro Gesprächsminute 3 Cent. Zusätzlich muss eine monatliche Grundgebühr bezahlt werden.
Wie hoch ist die Grundgebühr, wenn die Telefonrechnung am Ende des Monats bei 700 Gebührenminuten 33 € beträgt?

4. Ein Möbelhaus berechnet für den Transport und den Aufbau eines Schrankes 78,80 €.
Der Preis enthält einen Festbetrag von 50 € für das Aufstellen des Schrankes. Der Preis für jeden gefahrenen Kilometer beträgt 0,72 €.
Berechne den Anfahrtsweg.

5. Ein Kasten mit 12 Flaschen Wasser kostet 9,90 €. Im Preis sind 3,30 € Pfand enthalten.
Wie viel Euro kostet 1 Flasche Wasser?

6. Das Elektrizitätswerk berechnet für eine Kilowattstunde 0,12 €. Zusätzlich muss eine monatliche Grundgebühr bezahlt werden.
Bei einem Verbrauch von 600 kWh zahlt ein Kunde 83 €. Berechne die Grundgebühr.

7. An einer Tankstelle zahlt ein Autofahrer für 42 l Benzin und 1 l Öl 60,80 €. 1 l Öl kostet 10,40 €. Wie viel € kostet 1 l Benzin?

8. Herr Schmidt kauft im Supermarkt 3 kg Obst und 1 Flasche Saft. Er zahlt an der Kasse 8,50 €. 1 kg Obst kostet 2,25 €.
Wie viel € kostet der Saft?

9. Eine Hemdenfabrik liefert an ein Kaufhaus 500 Hemden. Die Firma gibt bei Abgabe dieser großen Anzahl einen Rabatt (Preisnachlass) von 390 €. Das Kaufhaus zahlt 6 110 €. Wie viel € kostet jedes Hemd, wenn nur eine kleine Menge gekauft wird?

10. Anzahl der Einheiten · Preis pro Einheit + Grundgebühr = Rechnungsbetrag

Anzahl der Einheiten	30		44	28
Preis pro Einheit	0,36 €	1,25 €	€	1,60 €
Grundgebühr	28 €	20 €	24 €	€
Rechnungsbetrag	€	72,50 €	72,40 €	61,80 €

11. Anzahl der Einheiten · Preis pro Einheit – Rabatt = Rechnungsbetrag

Anzahl der Einheiten	100		24	18
Preis pro Einheit	0,40 €	1,40 €	€	0,60 €
Rabatt	2 €	3 €	9 €	€
Rechnungsbetrag	€	18 €	67,80 €	9,30 €

0,55	1,1	1,2	1,5	1,75	3,2	11	12	13
15	15	17	38	38,8	40	42	45	65

Mit Formeln rechnen

$2x = 6$

Formel

$\boldsymbol{F = 2 \cdot a + 4}$

$\boldsymbol{a = 3}$

Ersetze die Variabele *a* durch die Zahl 3.
Berechne *F*.

$F = 2 \cdot 3 + 4$

$\boldsymbol{F = 10}$

Formel

$\boldsymbol{F = 6 + 3 \cdot a}$

$\boldsymbol{F = 18}$

Ersetze die Variabele *F* durch die Zahl 18.
Berechne *a*.

$18 = 6 + 3 \cdot a$

$18 - 6 = 3 \cdot a$

$12 = 3 \cdot a$

$12 : 3 = a$

$\boldsymbol{a = 4}$

Zur Kontrolle: Die Lösungen findest du unten auf der Seite. Vergleiche.

1

a	$F = 6 \cdot a + 12$
8	
1,5	
28	
	54
	210
	15,6

2

a	$F = 85 - 3 \cdot a$
16	
25	
1,2	
	46
	79
	67

3

a	$F = 9 \cdot a - 8$
22	
18	
4	
	91
	307
	12,7

4

a	$F = 150 - 2 \cdot a$
30	
11	
0,5	
	145
	46
	132

5

a	$F = 27 - 0{,}5 \cdot a$
8	
12,4	
22	
	26,1
	24,5
	21

6

a	$F = 1{,}2 \cdot a + 22$
3,5	
7	
3	
	31,6
	46
	23,8

0,6	1,5	1,8	2	2,3	2,5	5	6	7
8	9	10	11	12	13	16	20	20,8
21	23	25,6	26,2	28	30,4	33	35	37
52	60	81,4	90	128	149	154	180	190

Mit Formeln rechnen

$2x = 6$

Formel

$F = 2 \cdot a + b$

$a = 3 \quad b = 4$

Ersetze die Variablen durch die Zahlen.
Berechne F.

$F = 2 \cdot 3 + 4$

$F = 10$

Formel

$F = 5 \cdot a + 2 \cdot b$

$F = 23 \quad b = 4$

Ersetze die Variablen durch die Zahlen.
Berechne a.

$23 = 5 \cdot a + 2 \cdot 4$

$23 = 5 \cdot a + 8$

$23 - 8 = 5 \cdot a$

$15 = 5 \cdot a$

$15 : 5 = a$

$a = 3$

Zur Kontrolle: Die Lösungen findest du unten auf der Seite. Vergleiche.

1

a	b	$F = a + 2 \cdot b$
8	2	
25	12	
19	38	
4	18	
80	1	
1	35	

2

a	b	$F = a + 3 \cdot b$
	2	10
	11	54
	6	27
	5	38
	3	64
	22	67

3

a	b	$F = 2 \cdot a + 3 \cdot b$
4		56
21		93
2		64
10		200
3		12
20		85

4

a	b	$F = 5 \cdot a - 2 \cdot b$
17	5	
	8	39
26		80
13	11	
	90	220
38		170

1	2	4	9	10	11	12	15
16	17	20	21	23	25	40	43
49	55	60	71	75	80	82	95

$2x = 6$

Mit Formeln rechnen

Formel

$F = 3 \cdot a + b - c$

$a = 3 \quad b = 4 \quad c = 1$

Ersetze die Variablen durch die Zahlen.

$F = 3 \cdot 3 + 4 - 1$
$F = 9 + 4 - 1$
$\mathbf{F = 12}$

Formel

$F = 2 \cdot a - b + 2 \cdot c$

$F = 10 \quad b = 6 \quad c = 2$

Ersetze die Variablen durch die Zahlen.

$10 = 2 \cdot a - 6 + 2 \cdot 2$
$10 = 2 \cdot a - 6 + 4$
$10 = 2 \cdot a - 2$
$10 + 2 = 2 \cdot a$
$12 = 2 \cdot a$
$12 : 2 = a$
$\mathbf{a = 6}$

Zur Kontrolle: Die Lösungen findest du unten auf der Seite. Vergleiche.

1

a	b	c	$F = a + 2 \cdot b + c$
42	13	5	
4	39	100	
15	45	18	
18	5	34	
2	29	80	
60	3	15	

2

a	b	c	$F = a + 3 \cdot b - 2 \cdot c$
	28	60	64
	44	19	107
	11	6	53
	20	6	59
	42	19	119
	13	26	16

3

a	b	c	$F = a + 2 \cdot b - c$
49		29	48
12		10	36
25		16	55
60		40	34
50		50	32
32		12	76

4

a	b	c	$F = 2 \cdot a - b + 3 \cdot c$
25	12		92
23	11		71
19	15		80
40	7		139
21	22		50
16	16		76

7	10	11	12	13	14	16	17
18	19	20	22	23	28	29	31
32	62	73	81	100	123	140	182

Mit Formeln rechnen

$2x = 6$

Zur Kontrolle: Unten auf der Seite findest du alle Lösungszahlen. Wenn du eine Lösung gefunden hast, streiche sie durch.

1 Formel: $P = U \cdot I$

P: elektrische Leistung (in W)
U: elektrische Spannung (in V)
I: elektrische Stromstärke (in A)

Beispiel: $P = 660$ W $U = 220$ V

Zahlen in die Formel einsetzen:

$$660 = 220 \cdot I$$

umformen:

$$\frac{660}{220} = I$$

$$I = 3 \text{ A}$$

P (W)	30	30			4,5	2
U (V)	5	150	220	1,5		
I (A)			0,1	0,2	0,5	0,1

2 Formel: $R = \frac{U}{I}$

R: elektrische Widerstand (in Ω)
U: elektrische Spannung (in V)
I: elektrische Stromstärke (in A)

Beispiel: $U = 6$ V $R = 20$ Ω

Zahlen in die Formel einsetzen:

$$20 = \frac{6}{I}$$

umformen:

$$20 \cdot I = 6$$

$$I = \frac{6}{20}$$

$$I = 0{,}3 \text{ A}$$

R (Ω)	15	4,5			3	24
U (V)	6	9	4	9		
I (A)			0,4	0,2	0,4	0,5

3 Formel: $W_k = \frac{m \cdot v^2}{2}$

W_k: Bewegungsenergie (in Nm)
m: Masse (in kg)
v: Geschwindigkeit (in $\frac{m}{s}$)

Beispiel: $W_k = 250$ Nm $m = 20$ kg

Zahlen in die Formel einsetzen:

$$250 = \frac{20 \cdot v^2}{2}$$

umformen:

$$250 \cdot 2 = 20 \cdot v^2$$

$$500 = 20 \cdot v^2$$

$$25 = v^2$$

$$v = 5 \tfrac{m}{s}$$

W_k (Nm)	245	81			22	972
m (kg)	10	18	2,5	10		
v ($\frac{m}{s}$)			10	11	1	9

4 Formel: $\frac{1}{R_G} = \frac{1}{R_1} + \frac{1}{R_2}$

R_G: Gesamtwiderstand bei Parallelschaltungen (in Ω)
R_1 und R_2: Einzelwiderstände (in Ω)

Beispiel: $R_G = 12$ Ω $R_1 = 20$ Ω

Zahlen in die Formel einsetzen:

$$\frac{1}{12} = \frac{1}{20} + \frac{1}{R_2}$$

umformen:

$$\frac{1}{12} - \frac{1}{20} = \frac{1}{R_2}$$

$$\frac{2}{60} = \frac{1}{R_2}$$

Kehrwert:

$$\frac{60}{2} = \frac{R_2}{1}$$

$$R_2 = 30 \text{ Ω}$$

R_1 (Ω)			60	10	30	120
R_2 (Ω)	20	16			70	80
R_G (Ω)	4	3,2	24	9		

0,2	0,3	0,4	1,2	2	3	4	5	6	7	9	10
12	20	21	22	24	40	44	45	48	90	125	605

Gleichungen

Zur Kontrolle: Notiere jeweils die Lösungen.

1 $2 \cdot x - 15 = 27$

2 $70 - 4 \cdot x = x - 15$

3 $62 - (3 \cdot x + 7) = 40$

4 $20 + 4 \cdot (6 \cdot x - 5) = 168$

5 $35 = 200 - 5 \cdot (3 \cdot x + 6)$

6 $x : 32 = 5 : 2$

7 $6 : x = 9 : 6$

8 Für ein Handy werden pro Minute Gesprächsdauer 0,69 € berechnet. Zusätzlich muss eine monatliche Grundgebühr bezahlt werden. Für 25 Minuten Gesprächsdauer müssen am Ende des Monats einschließlich Grundgebühr 36,25 € bezahlt werden. Berechne die Grundgebühr. ______ €

9 Eine 2,40 m lange Holzleiste wird in zwei Teile zersägt. Das längere Stück ist 0,70 m länger als das kürzere Stück. Wie lang ist das kürzere Stück? ______ m

10 In 6 kg einer Farbmischung ist 1,5-mal so viel rote Farbe wie gelbe Farbe enthalten. Wie viel kg gelbe Farbe sind in der Mischung enthalten? ______ kg

11 3,5 Liter Wasser mit einer Temperatur von 30° Celsius werden mit 1,5 Litern Wasser mit einer Temperatur von 40° Celsius gemischt. Berechne die Temperatur der Mischung. ______ °C

12 Wie viel Liter destilliertes Wasser (Salzgehalt 0 %) muss man zu 3,5 Litern einer 40 %igen Salzlösung geben, um eine 35 %ige Lösung zu erhalten? ______ l

13 $F = 27$; $a = 8$
Ersetze in der Formel $F = 5 \cdot a + 3 \cdot b - 31$ die Variablen durch die Zahlen und berechne b.

Die Lösungen findest du auf der Seite 160.

Umfang und Flächeninhalt

Zur Kontrolle: Notiere jeweils die Lösungen. Wenn du die Lösung einmal nicht findest, gehe weiter zur nächsten Aufgabe.

1 Ein Quadrat hat den Umfang $u = 80$ cm.
Berechne den Flächeninhalt A.

$\square$ cm²

2 Der Zaun um ein rechteckiges Grundstück ist 100 m lang.
Eine Seite ist 30 m lang.
Berechne die andere Seite des Grundstücks.

$\square$ m

3 Eine rechteckige Weide soll eingezäunt werden.
Die Pfosten sollen jeweils einen Abstand von 10 m haben.
Die Seiten der Weide sind 40 m und 60 m lang.
Wie viele Pfosten werden benötigt?

$\square$ Stück

4 Berechne den Flächeninhalt
des rechtwinkligen Dreiecks.
$a = 3$ cm, $b = 4$ cm, $c = 5$ cm.

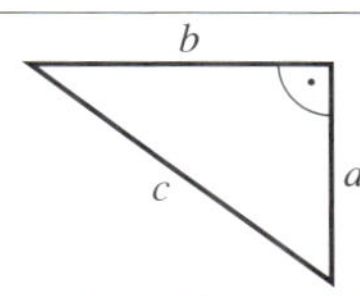

$\square$ cm²

5 Berechne den Flächeninhalt
des Vierecks.
$d = 10$ cm, $h_1 = 4$ cm, $h_2 = 6$ cm.

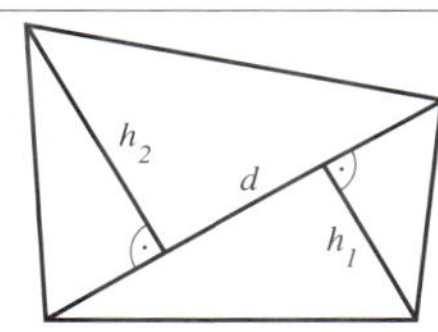

$\square$ cm²

6 Aus einem rechteckigen Blech
werden 3 gleiche Parallelogramme
ausgeschnitten.
Berechne den Abfall in Prozent
(Angaben in cm).

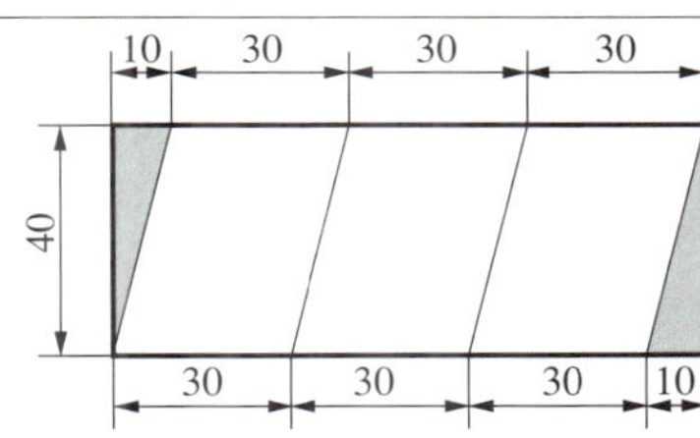

$\square$ %

7 Das Rad eines Fahrrades hat einen Durchmesser von 0,6 m.
Wie viele Umdrehungen macht das Rad auf einer Strecke von 942 m?

$\square$ Umdr.

8 Berechne den Flächeninhalt
des Grundstücks (Angaben in m).

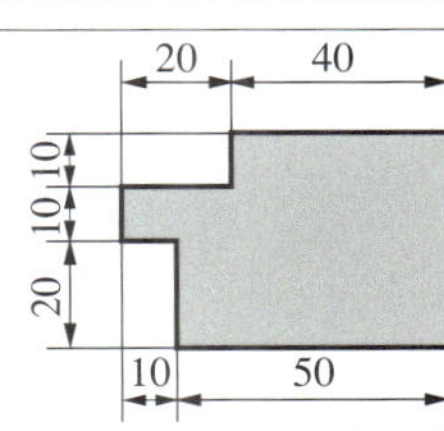

$\square$ m²

9 Berechne den Flächeninhalt
der Figur (Angaben in cm).

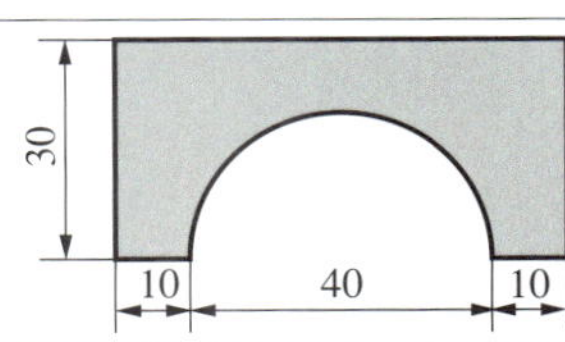

$\square$ cm²

Die Lösungen findest du auf der Seite 160.

Quadrat und Rechteck

Quadrat (Q)

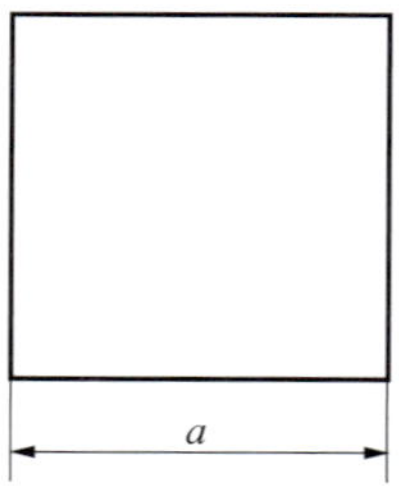

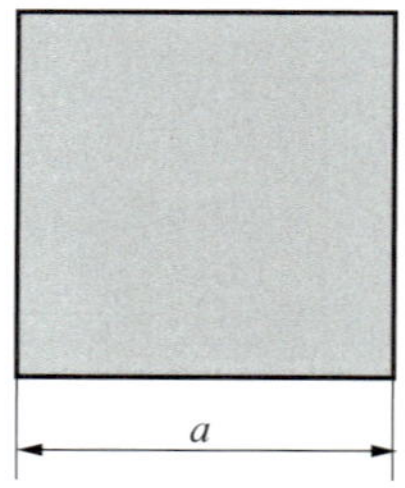

Umfang

$u_Q = 4 \cdot a$

Flächeninhalt

$A_Q = a \cdot a = a^2$

Beispiel: $a = 5$ cm

$u_Q = 4 \cdot 5$ cm

$u_Q = 20$ cm

$A_Q = 5$ cm $\cdot$ 5 cm

$A_Q = 25$ cm^2

Rechteck (R)

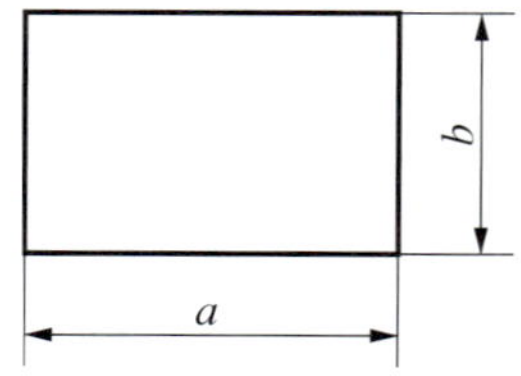

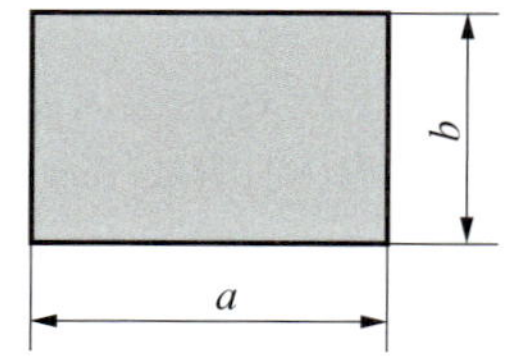

Umfang

$u_R = 2 \cdot a + 2 \cdot b$

Flächeninhalt

$A_R = a \cdot b$

Beispiel: $a = 6$ cm $b = 9$ cm

$u_R = 2 \cdot 6$ cm $+ 2 \cdot 9$ cm

$u_R = 30$ cm

$A_R = 6$ cm $\cdot$ 9 cm

$A_R = 54$ cm^2

Zur Kontrolle: Unten auf der Seite findest du alle Lösungen. Vergleiche.

1 Ein Quadrat hat die Seitenlänge $a = 13$ cm. Berechne den Umfang u und den Flächeninhalt A.

2 Der Zaun um eine quadratische Weide ist 120 m lang. Wie lang ist eine Seite? Wie groß ist die Weidefläche?

3 Welche Seitenlänge hat eine quadratische Fläche, wenn ihr Flächeninhalt 1 ha beträgt?

4 Ein quadratisches Grundstück mit dem Flächeninhalt 100 m^2 soll eingezäunt werden. Die Pfosten sollen jeweils einen Abstand von 2,50 m haben.
Wie viele Pfosten werden benötigt?

5

a	u_Q	A_Q
22 cm	cm	cm^2
dm	28 dm	dm^2
m	m	121 m^2
m	m	36 ha

6 Ein Rechteck hat die Seitenlänge $a = 12$ m und $b = 15$ m. Berechne den Umfang u und den Flächeninhalt A.

7 Eine 12 m breite und 1,8 km lange gerade Straße wird geteert. Berechne den Flächeninhalt des Straßenstücks in m^2.

8 Der Zaun um einen rechteckigen Garten ist 100 m lang. Eine Seite ist 15 m lang. Wie lang ist die andere Seite?

9 Ein rechteckiges Grundstück ist 273 m^2 groß. Die Straßenfront ist 13 m lang. Wie lang ist die andere Seite des Grundstücks?

10

a	b	u_R	A_R
14 cm	15 cm	cm	cm^2
31 m	22 m	m	m^2
m	10 m	32 m	m^2
200 m	m	m	3 ha

6	7	11	16	21	30	35	44	49
52	54	58	60	88	100	106	150	169
180	210	484	600	682	700	900	2 400	21 600

Dreieck

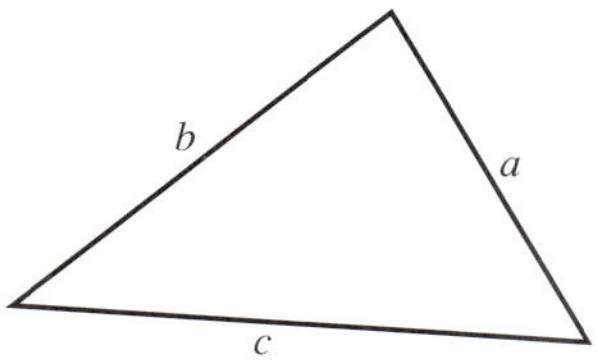

Umfang (u)

$u = a + b + c$

Beispiel: $a = 4$ cm
$b = 5$ cm
$c = 6$ cm

$u = 4\text{ cm} + 5\text{ cm} + 6\text{ cm}$
$u = 15$ cm

Flächeninhalt (A)

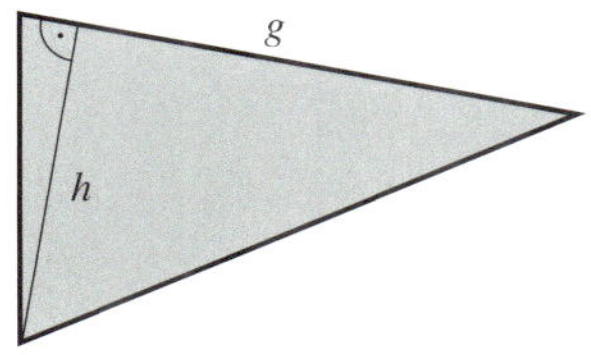

$A = \frac{g \cdot h}{2}$

Beispiel: $g = 7$ m
$h = 4$ m

$A = \frac{7\text{ m} \cdot 4\text{ m}}{2}$

$A = 14\text{ m}^2$

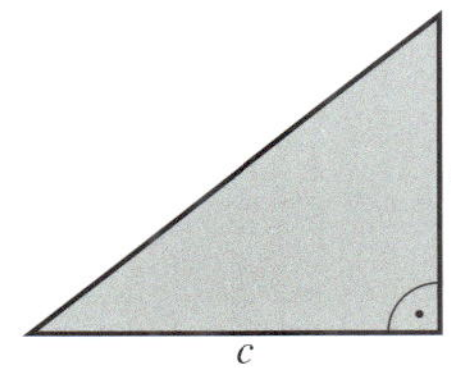

$A = \frac{c \cdot a}{2}$, denn $a = h$

Beispiel: $a = 4$ m
$c = 5$ m

$A = \frac{5\text{ m} \cdot 4\text{ m}}{2}$

$A = 10\text{ m}^2$

Zur Kontrolle: Unten auf der Seite findest du alle Lösungen. Vergleiche.

1 Berechne Umfang und Flächeninhalt der rechtwinkligen Dreiecke.
a) $a = 5$ cm $b = 4$ cm $c = 3$ cm
b) $a = 5$ m $b = 12$ m $c = 13$ m
c) $a = 2{,}1$ dm $b = 2{,}9$ dm $c = 2$ dm

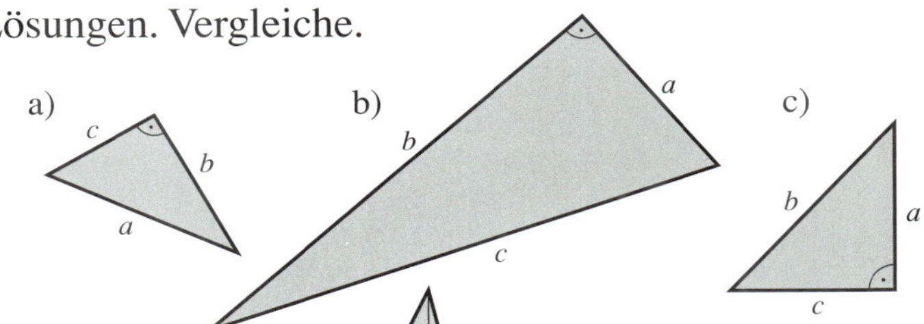

2 Berechne den Flächeninhalt der Dreiecke.
a) $g = 9$ m $h = 4$ m
b) $g = 6$ dm $h = 8$ dm
c) $g = 10{,}5$ cm $h = 4$ cm

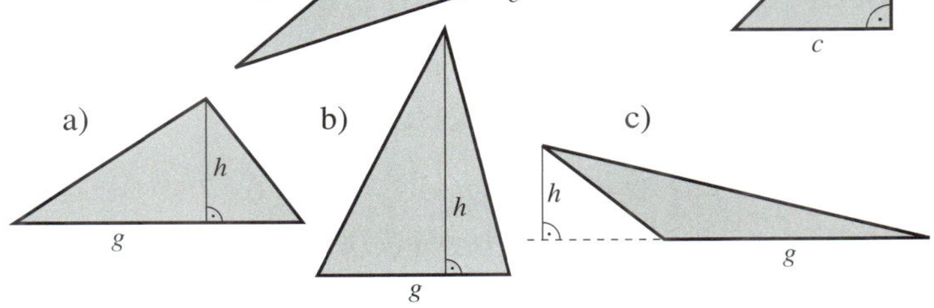

3 Die Diagonale d zerlegt das Viereck in zwei Dreiecke mit der Grundseite $d = 10$ cm und den Höhen $h_1 = 4$ cm und $h_2 = 3$ cm. Berechne den Flächeninhalt des Vierecks.

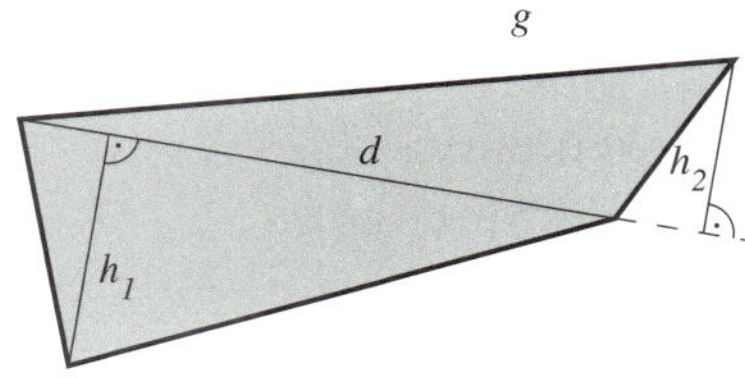

4 Berechne den Flächeninhalt der grauen Flächen.
a) $a = 4$ cm $b = 8$ cm
$c = 2$ cm $d = 4$ cm
b) $a = 5$ m $b = 10$ m
$c = 2$ m $d = 6$ m

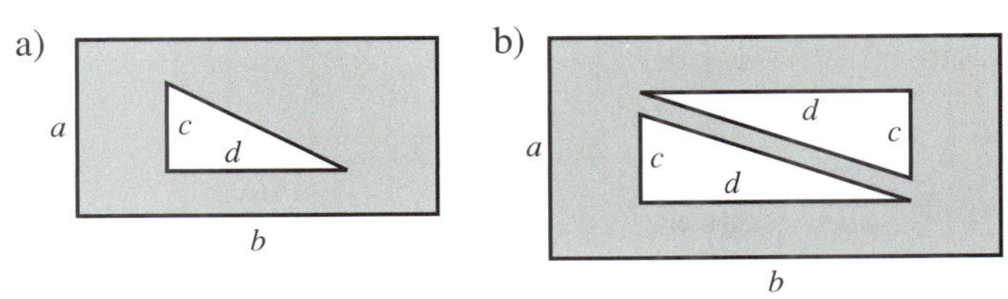

5

g	7 m	6 cm	3,5 dm	▭ cm	▭ m	16 cm	9,4 dm
h	4 m	17 cm	4,4 dm	30 cm	80 m	▭ dm	▭ cm
A	▭ m^2	▭ cm^2	▭ dm^2	150 cm^2	600 m^2	200 cm^2	399,5 dm^2

2,1 6 7 7,7 10 12 14 15 18 21
24 25 28 30 30 35 38 51 85

Parallelogramm (P)

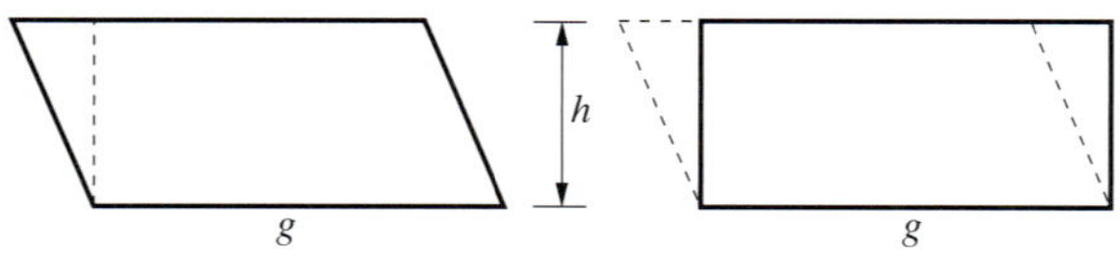

$A_P = g \cdot h$

Beispiel: $g = 6\text{ m}$ $h = 3\text{ m}$

$A_P = 6\text{ m} \cdot 3\text{ m}$

$A_P = 18\text{ m}^2$

Trapez (T)

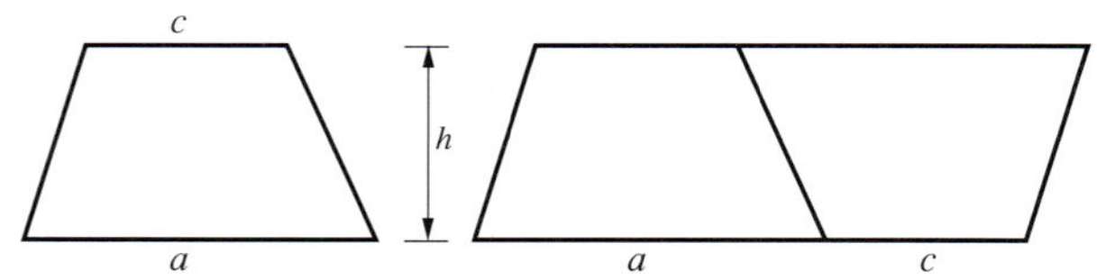

$A_T = \frac{1}{2} \cdot (a + c) \cdot h$

Beispiel: $a = 5\text{ m}$ $b = 2\text{ m}$ $h = 3\text{ m}$

$A_T = \frac{1}{2} \cdot (5\text{ m} + 2\text{ m}) \cdot 3\text{ m}$

$A_T = \frac{1}{2} \cdot 21\text{ m}^2 = 10{,}5\text{ m}^2$

Zur Kontrolle: Unten auf der Seite findest du alle Lösungen. Vergleiche.

1 Berechne den Flächeninhalt der Parallelogramme.

a) $g = 7\text{ cm}$ $h = 12\text{ cm}$
b) $g = 19\text{ dm}$ $h = 5\text{ dm}$
c) $g = 2{,}5\text{ cm}$ $h = 1{,}4\text{ cm}$
d) $g = 18\text{ cm}$ $h = 20\text{ cm}$

2 Aus einem rechteckigen Blech sollen 4 gleich große Parallelogramme ausgeschnitten werden.

a) Berechne den Flächeninhalt eines dieser Parallelogramme.
b) Berechne den Abfall in dm^2.
c) Berechne den Abfall in %.

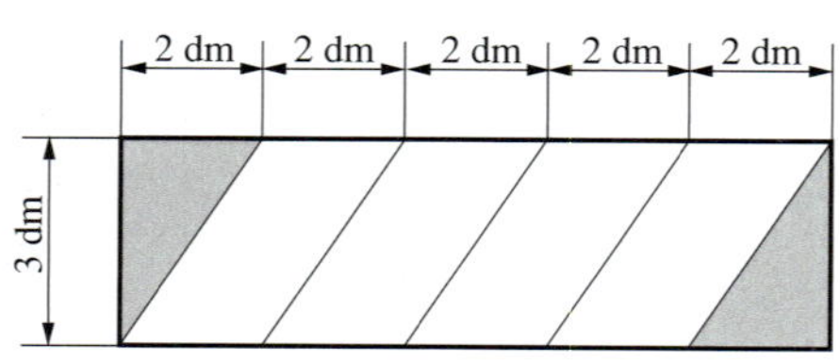

3

g	9 m	4,5 dm	15 cm	▢ m
h	17 m	3,8 dm	▢ cm	18 m
A	▢ m^2	▢ dm^2	6 cm^2	495 m^2

4 Berechne den Flächeninhalt der Trapeze.

a) $a = 12\text{ cm}$ $c = 8\text{ cm}$ $h = 5\text{ cm}$
b) $a = 9\text{ dm}$ $c = 17\text{ dm}$ $h = 3\text{ dm}$
c) $a = 1{,}4\text{ m}$ $c = 3{,}4\text{ m}$ $h = 1{,}5\text{ m}$
d) $a = 18\text{ m}$ $c = 1{,}5\text{ m}$ $h = 2{,}4\text{ m}$

5 Aus einem rechteckigen Blech sollen 3 gleich große Trapeze ausgeschnitten werden.

a) Berechne den Flächeninhalt eines dieser Trapeze.
b) Berechne den Abfall in dm^2.
c) Berechne den Abfall in %.

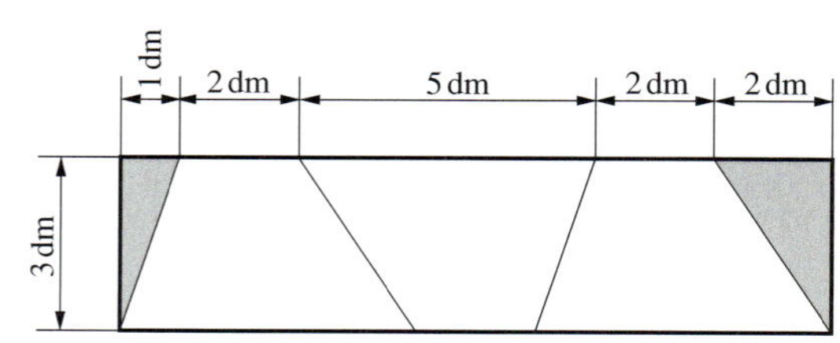

6

a	3 m	2,4 dm	2 m	▢ cm
c	7 m	4,5 dm	8 m	10 cm
h	5 m	6 dm	▢ m	6 cm
A	▢ m^2	▢ dm^2	55 m^2	45 cm^2

0,4	3,5	3,6	4,5	5	6	6	10,5	11	12,5	17,1
20	20,7	23,4	25	27,5	39	50	84	95	153	360

Kreis

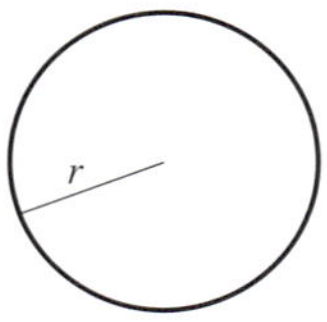

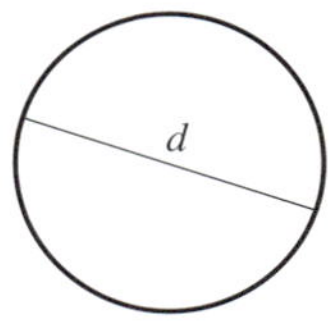

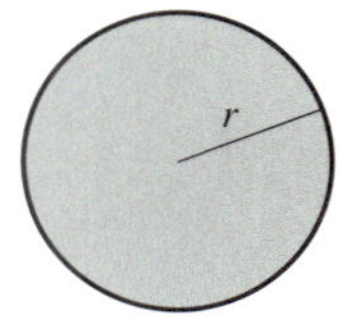

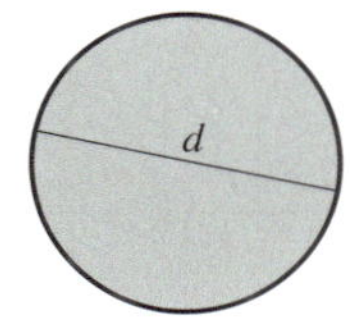

Umfang (u)

$u = 2\pi \cdot r$ $\qquad$ $u = \pi \cdot d$

Flächeninhalt (A)

$A = \pi \cdot r^2$ $\qquad$ $A = \pi \cdot \frac{d^2}{4}$

Setze 3,14 für π ein.

Beispiele:

$r = 5$ cm
$u = 2 \cdot 3{,}14 \cdot 5$ cm
$u = 31{,}4$ cm

$d = 7{,}2$ cm
$u = 3{,}14 \cdot 7{,}2$ cm
$u = 22{,}608$ cm

$r = 4{,}6$ cm
$A = 3{,}14 \cdot 4{,}6^2$ cm²
$A = 66{,}4424$ cm²

$d = 8$ cm
$A = 3{,}14 \cdot \frac{8^2}{4}$ cm²
$A = 50{,}24$ cm²

auf Hundertstel gerundet:

$u \approx 22{,}61$ cm $\qquad$ $A \approx 66{,}44$ cm²

Zur Kontrolle: Runde die Ergebnisse auf Hundertstel. Unten auf der Seite findest du alle Lösungen. Vergleiche.

1 Berechne den Umfang.
a) $r = 7$ cm $\quad$ b) $d = 7$ cm
c) $r = 25$ m $\quad$ d) $d = 25$ m

2 Berechne den Radius.
a) $u = 27$ cm $\quad$ b) $u = 94{,}2$ cm

3 Berechne den Durchmesser.
a) $u = 33{,}6$ cm $\quad$ b) $u = 47{,}1$ m

4 Der Radius eines Kreises mit $r = 1{,}3$ m wird um 0,5 m verlängert. Um wie viel m wird der Umfang größer?

5 Das Rad eines Fahrrades hat einen Durchmesser von 0,75 m. Wie viele Umdrehungen macht das Rad auf einer 4 710 m langen Strecke?

6 Berechne den Flächeninhalt.
a) $r = 6$ m $\quad$ b) $d = 6$ m
c) $r = 1{,}6$ dm $\quad$ d) $d = 1{,}6$ dm

7 Berechne den Radius.
a) $A = 201$ m² $\quad$ b) $A = 154$ dm²

8 Berechne den Durchmesser.
a) $A = 78{,}5$ m² $\quad$ b) $A = 50{,}3$ m²

9 Der Radius eines Kreises mit $r = 1{,}3$ m wird um 0,35 m verlängert. Um wie viel m² wird der Flächeninhalt größer?

10 Ein Quadrat hat den gleichen Flächeninhalt wie ein Kreis mit dem Radius $r = 5{,}08$ dm. Berechne die Seitenlänge des Quadrates.

11

	$r = 2$ m	$r = 50$ cm	$r = \square$ dm	$d = \square$ cm	$r = \square$ m	$d = \square$ dm
u	$\square$ m	$\square$ cm	37,68 dm	$\square$ cm	125,6 m	$\square$ dm
A	$\square$ m²	$\square$ cm²	$\square$ dm²	28,26 cm²	$\square$ m²	153,86 dm²

2,01	3,14	3,24	4,3	6	6	7	8
8	8,04	9	10	10,7	12,56	12,56	14
15	15	18,84	20	21,98	28,26	43,96	43,96
78,5	113,04	113,04	157	314	1 256	2 000	7 850

Kreisteile

Kreisbogen

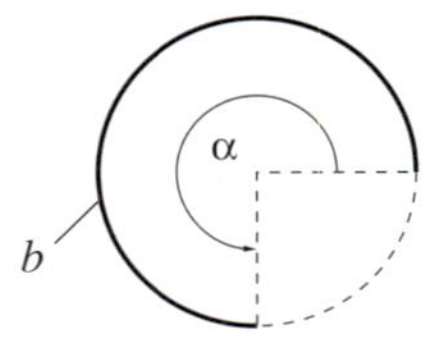

Länge des Kreisbogens (b)

$b = 2 \cdot r \cdot \pi \cdot \frac{\alpha}{360}$

Beispiel: $r = 3$ cm $\alpha = 270°$

$b = 2 \cdot 3 \cdot 3{,}14 \cdot \frac{270}{360}$ cm

$b = 14{,}13$ cm

Kreisausschnitt (Sektor)

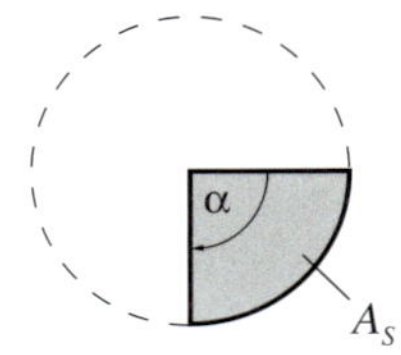

Flächeninhalt (A_S)

$A_S = \pi \cdot r^2 \cdot \frac{\alpha}{360}$

Beispiel: $r = 6$ cm $\alpha = 90°$

$A_S = 3{,}14 \cdot 6^2 \cdot \frac{90}{360}$ cm^2

$A_S = 28{,}26$ cm^2

Zur Kontrolle: Unten auf der Seite findest du alle Lösungen. Vergleiche.

1 Berechne jeweils die Länge des Kreisbogens.
a) $r = 15$ cm $\alpha = 240°$
b) $r = 45$ cm $\alpha = 200°$
c) $r = 90$ cm $\alpha = 60°$

2 Wie lang ist jeweils die zusammengesetzte Linie?
1 Kästchenlänge ≙ 1 cm

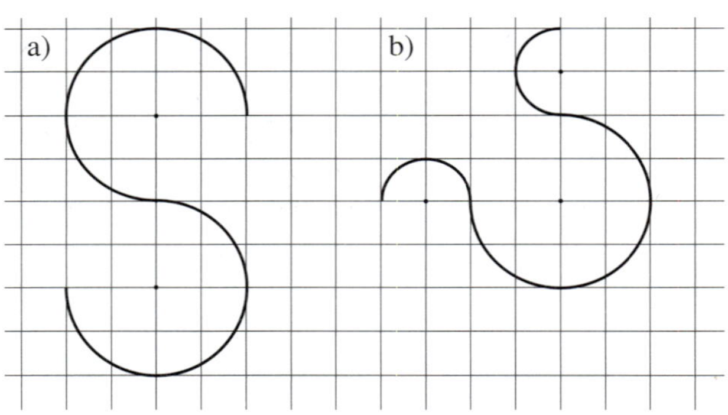

3 Berechne den Kreisausschnitt.
a) $r = 12$ cm $\alpha = 65°$
b) $r = 3$ cm $\alpha = 200°$
c) $r = 90$ cm $\alpha = 20°$

4 Berechne jeweils den Flächeninhalt der Figur.
1 Kästchenlänge ≙ 1 cm

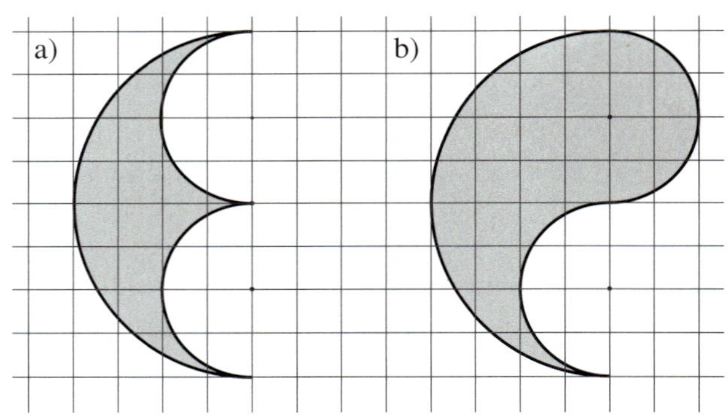

5

r	9 cm	6 cm	8 cm	18 cm	14 cm	30 cm
α	140°	270°	90°	15°	45°	36°
b	cm	cm	cm	cm	cm	cm
A_S	cm^2	cm^2	cm^2	cm^2	cm^2	cm^2

4,71	10,99	12,56	12,56	15,7	15,7	18,84	18,84	21,98	25,12	28,26
42,39	50,24	62,8	76,93	81,64	84,78	94,2	98,91	157	282,6	1 413

Zusammengesetzte Flächen

Berechne den Flächeninhalt der Figur (Angaben in cm).

Zerlegen

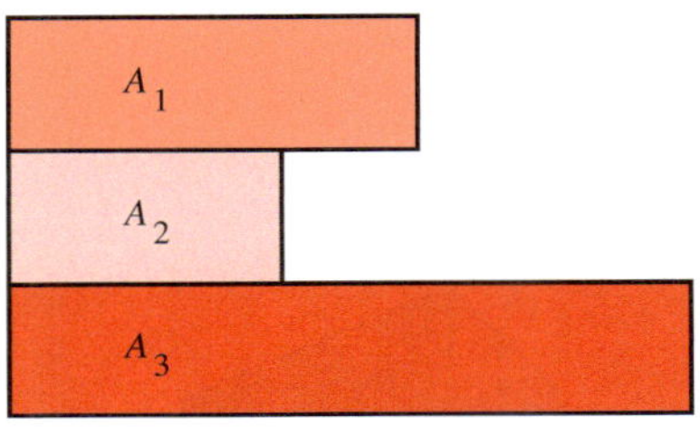

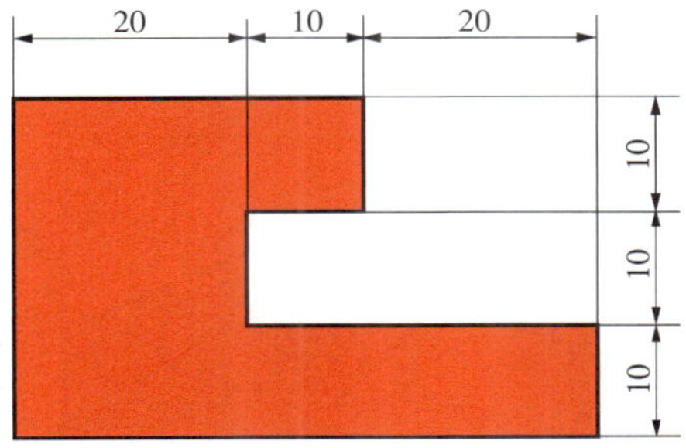

$A_1 = 300\ \text{cm}^2$

$A_2 = 200\ \text{cm}^2$

$A_3 = 500\ \text{cm}^2$

$A\ = A_1 + A_2 + A_3 = 1\,000\ \text{cm}^2$

Ergänzen

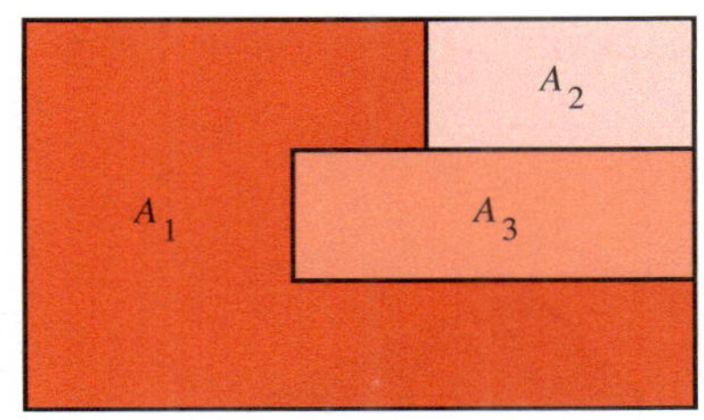

$A_1 = 1\,500\ \text{cm}^2$

$A_2 = \ \ 200\ \text{cm}^2$

$A_3 = \ \ 300\ \text{cm}^2$

$A\ = A_1 - A_2 - A_3 = 1\,000\ \text{cm}^2$

Berechne den Flächeninhalt durch Zerlegen oder Ergänzen (Angaben in cm).

Zur Kontrolle: Unten auf der Seite findest du alle Lösungen. Trage darunter die Aufgabennummern ein.

1

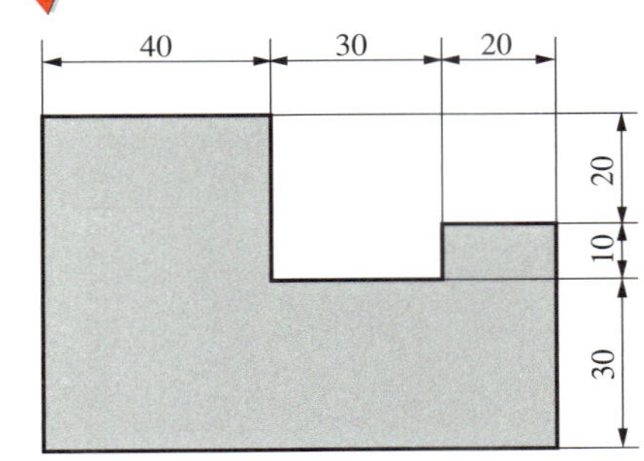

2

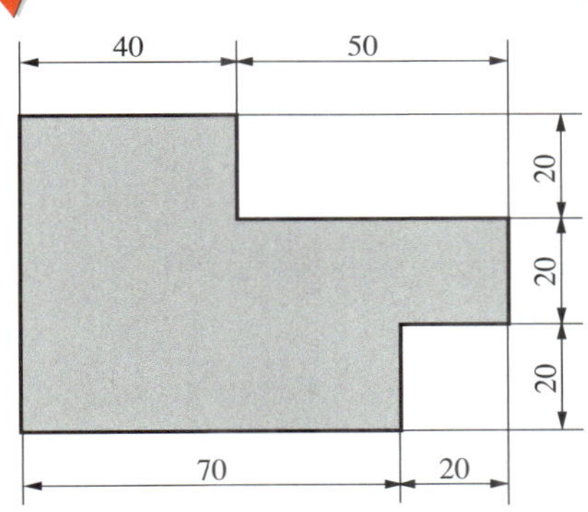

3

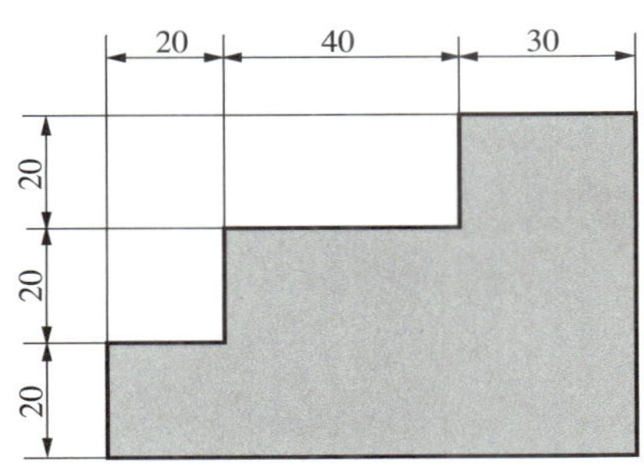

4

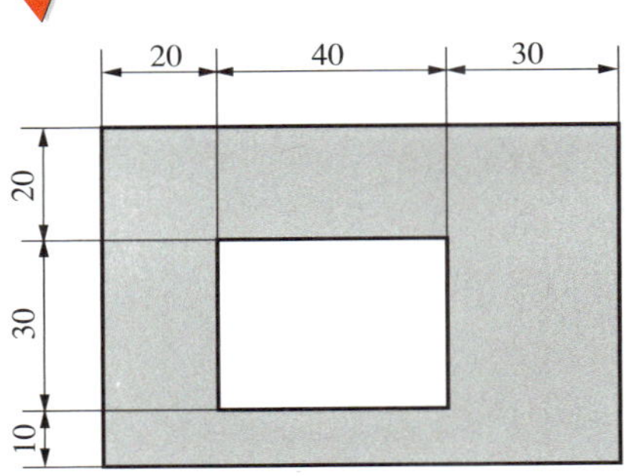

5

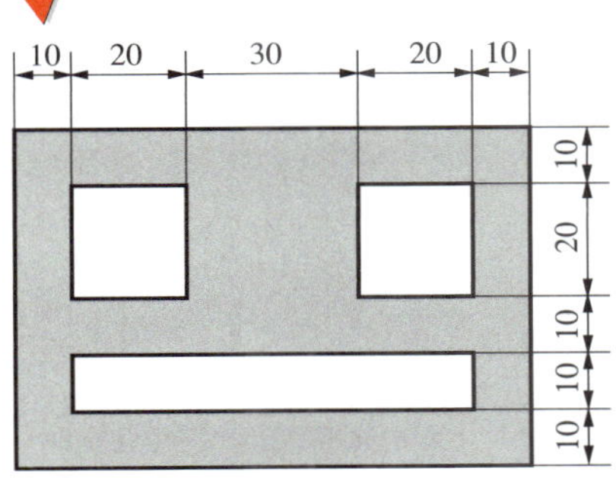

6

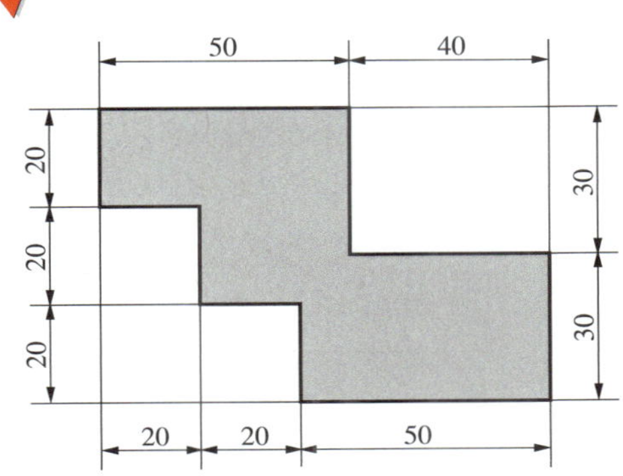

3 000 cm²	3 800 cm²	3 900 cm²	4 000 cm²	4 100 cm²	4 200 cm²

Zusammengesetzte Flächen

Berechne den Flächeninhalt der Figur (Angaben in m).

Zerlege in ein Rechteck und ein Dreieck.

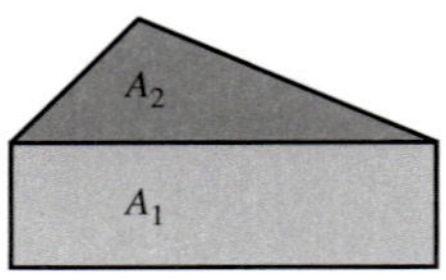

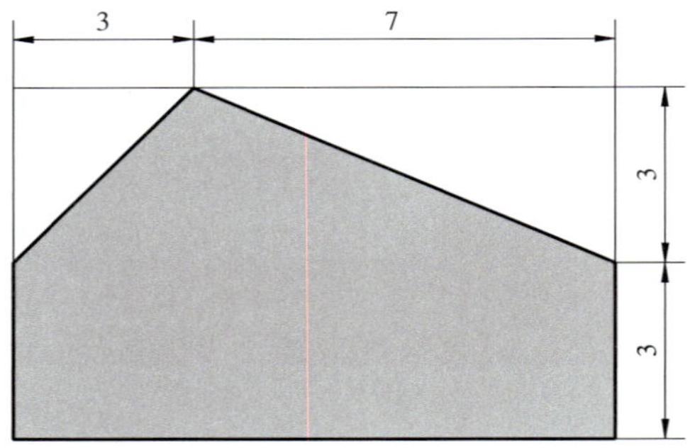

Zerlege in zwei Trapeze.

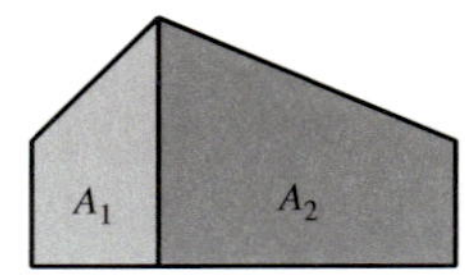

$A_1 = 10\text{ m} \cdot 3\text{ m} = 30\text{ m}^2$

$A_2 = \frac{10\text{ m} \cdot 3\text{ m}}{2} = 15\text{ m}^2$

$A\ = A_1 + A_2 = 45\text{ m}^2$

$A_1 = \frac{6\text{ m} + 3\text{ m}}{2} \cdot 3\text{ m} = 13{,}5\text{ m}^2$

$A_1 = \frac{6\text{ m} + 3\text{ m}}{2} \cdot 7\text{ m} = 31{,}5\text{ m}^2$

$A\ = A_1 + A_2 = 45\text{ m}^2$

Berechne den Flächeninhalt durch Zerlegen oder Ergänzen (Angaben in m).

Zur Kontrolle: Unten auf der Seite findest du alle Lösungen. Trage darunter die Aufgabennummern ein.

1

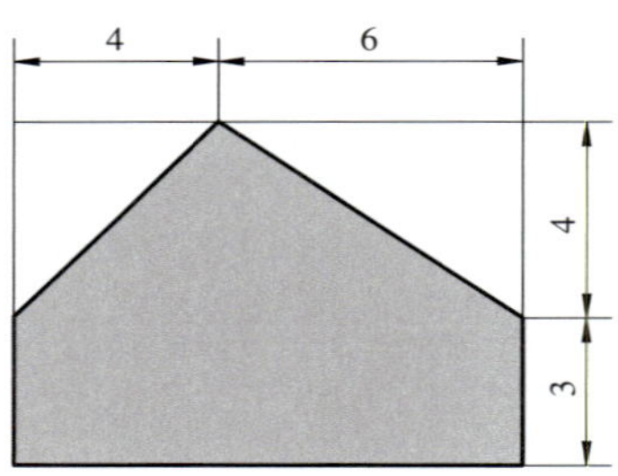

2

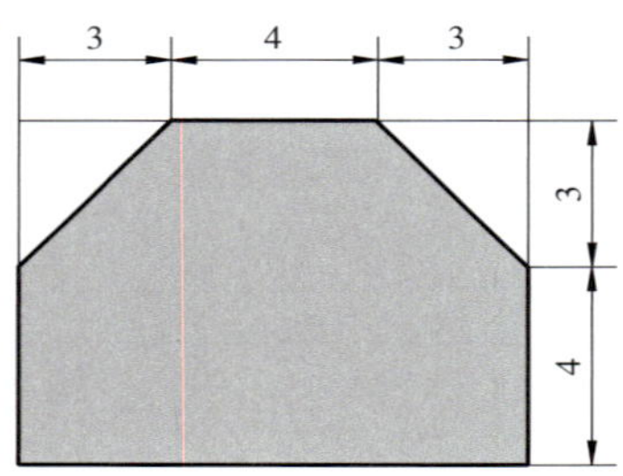

3

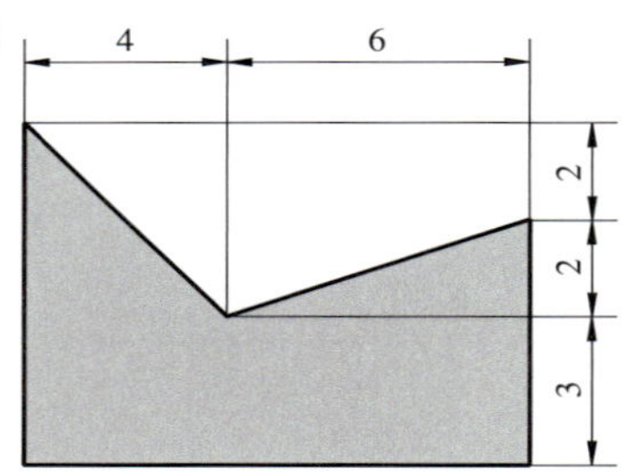

4

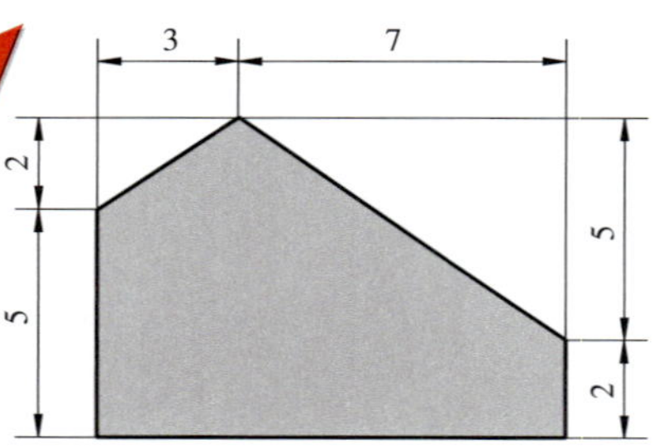

5

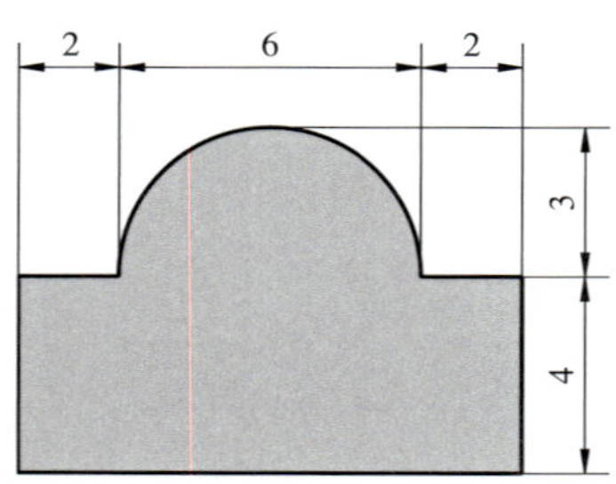

6

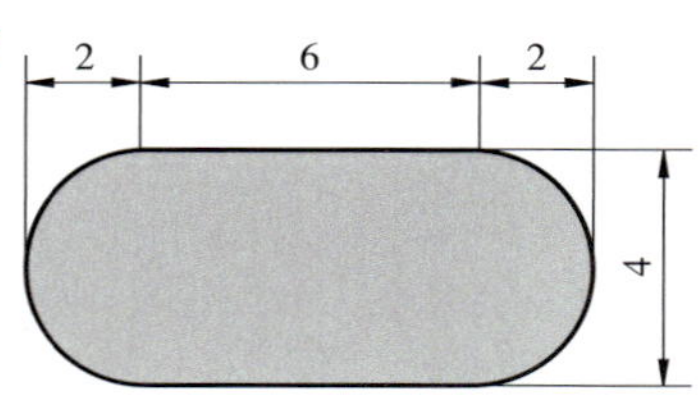

$36{,}56\text{ m}^2$	44 m^2	$49{,}5\text{ m}^2$	50 m^2	$54{,}13\text{ m}^2$	61 m^2

Zusammengesetzte Flächen

Berechne den Flächeninhalt.

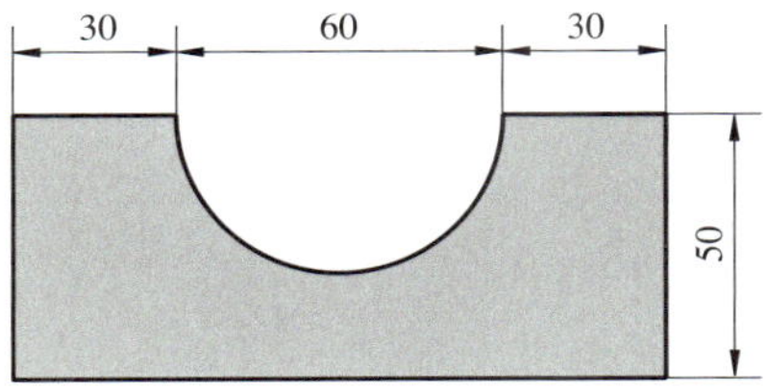

Angaben in cm

Berechne den Flächeninhalt.

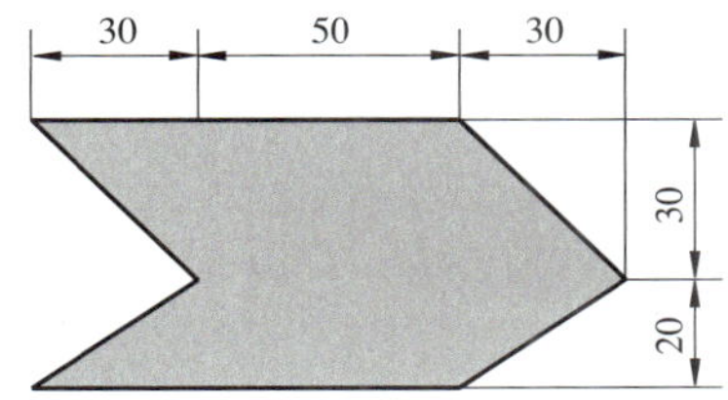

Ergänze zu einem Rechteck A_1.

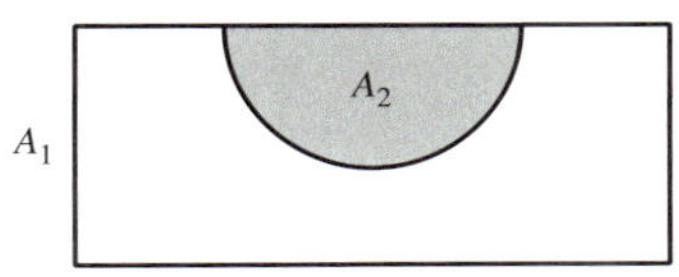

$A_1 = 120\text{ cm} \cdot 50\text{ cm} = 6\,000\text{ cm}^2$
$A_2 = 3{,}14 \cdot 30^2\text{ cm}^2 \cdot \frac{1}{2} = 1413\text{ cm}^2$
$A\ = A_1 - A_2 = 4\,587\text{ cm}^2$

So erhältst du ein flächengleiches Rechteck.

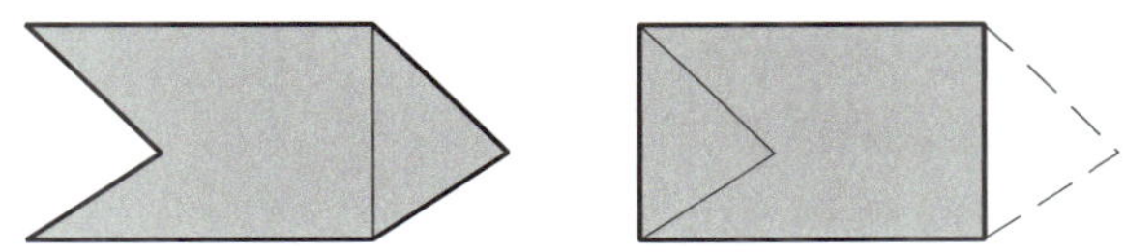

$A = 50\text{ cm} \cdot 80\text{ cm}$
$A = 4\,000\text{ cm}^2$

Berechne den Flächeninhalt durch Zerlegen oder Ergänzen (Angaben in cm).

Zur Kontrolle: Unten auf der Seite findest du alle Lösungen. Trage darunter die Aufgabennummern ein.

1

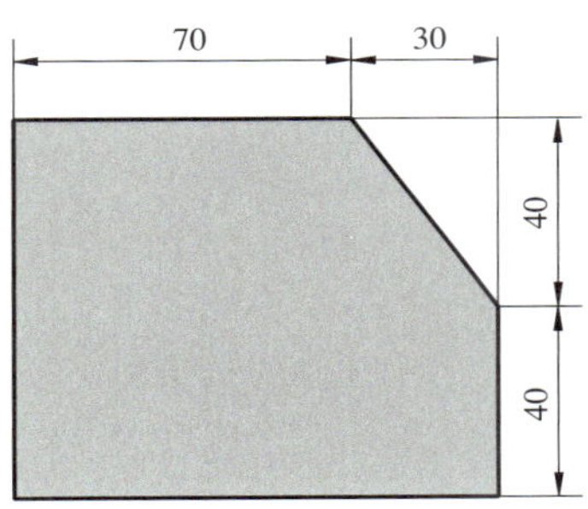

2

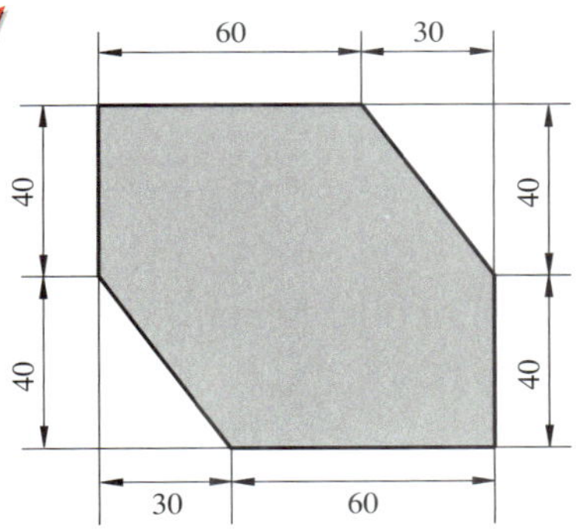

3

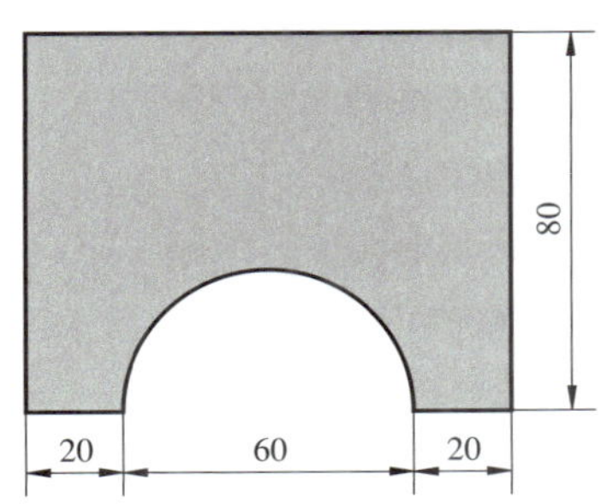

4

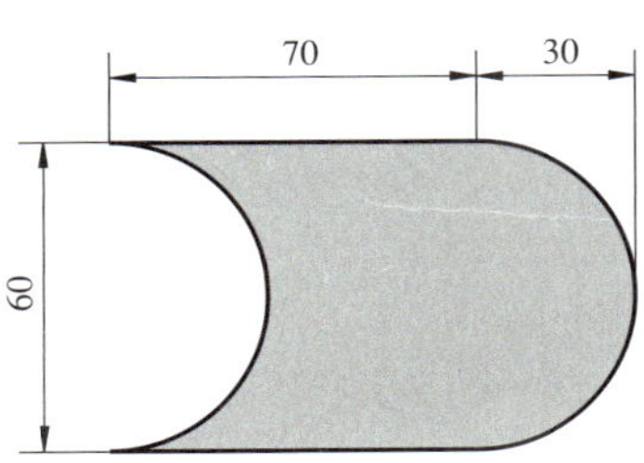

5

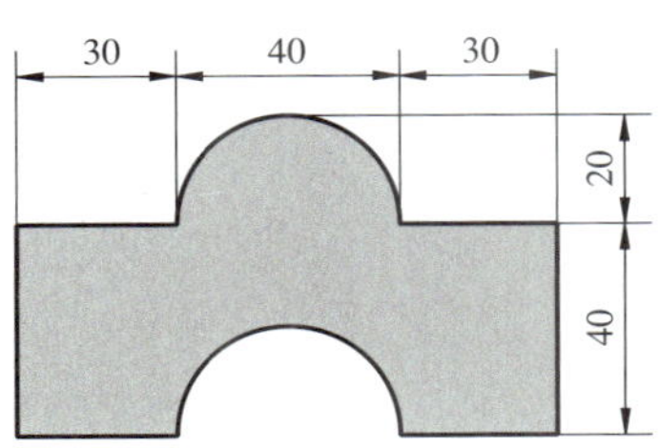

6

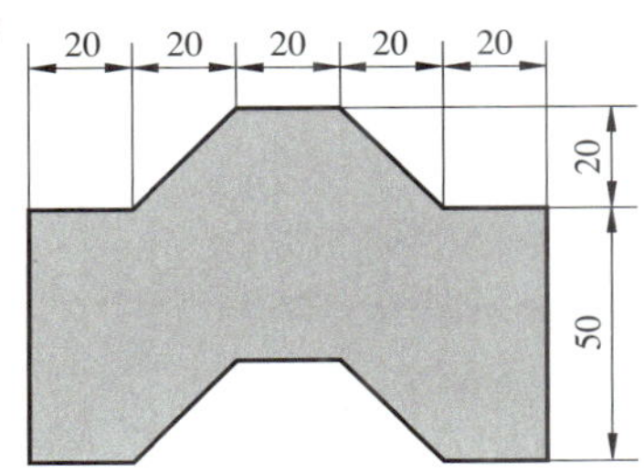

4000 cm^2	4200 cm^2	5000 cm^2	6000 cm^2	6587 cm^2	7400 cm^2

Umfang und Flächeninhalt

Zur Kontrolle: Notiere jeweils die Lösungen. Wenn du die Lösung einmal nicht findest, gehe weiter zur nächsten Aufgabe. Runde wenn nötig auf Hundertstel.

1 Ein Quadrat hat den Flächeninhalt 1 600 cm^2. Wie groß ist sein Umfang? ______ cm

2 Ein rechteckiges Grundstück ist 600 m^2 groß. Es ist 15 m breit. Wie lang ist das Grundstück? ______ m

3 Ein Drachen hat die Diagonalen $e = 8$ cm und $f = 12$ cm. Berechne den Flächeninhalt.

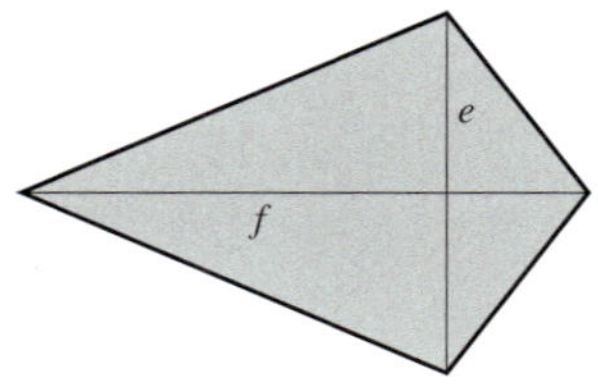

______ cm^2

4 Berechne den Flächeninhalt des Trapezes (Angaben in cm).

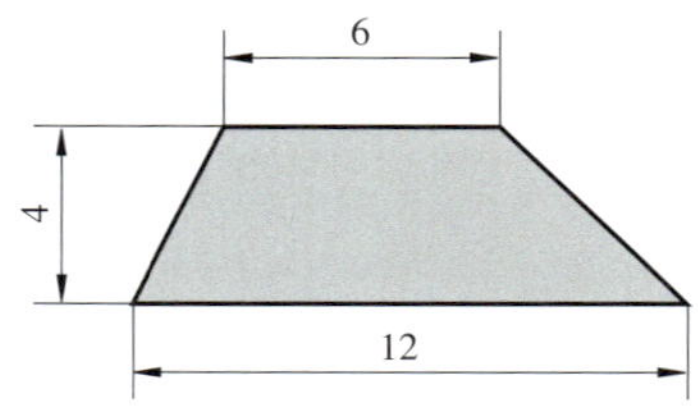

______ cm^2

5 Aus einem rechteckigen Blech werden ein Trapez und ein Parallelogramm ausgeschnitten (Angaben in cm). Berechne den Abfall in Prozent.

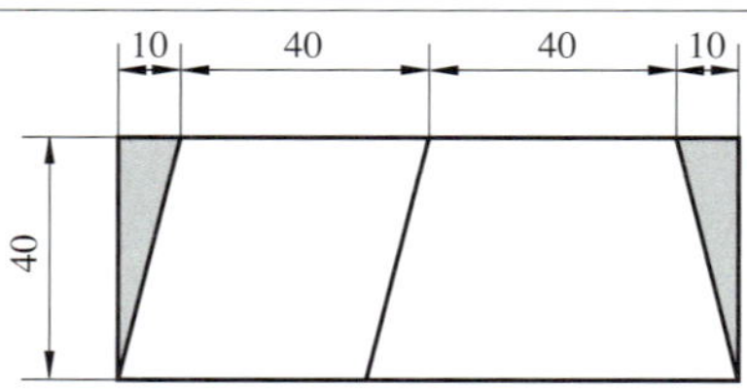

______ %

6 Das Rad eines Klappfahrrades dreht sich auf einer 314 m langen Strecke 200-mal. Wie groß ist der Durchmesser des Rades? ______ m

7 Eine Tonne mit dem Durchmesser $d = 50$ cm soll mit einem kreisförmigen Blech abgedeckt werden.
Der Rand des Bleches soll überall 5 cm überstehen. Berechne den Flächeninhalt des Bleches. ______ cm^2

8 Berechne den Flächeninhalt der Figur (Angaben in m).

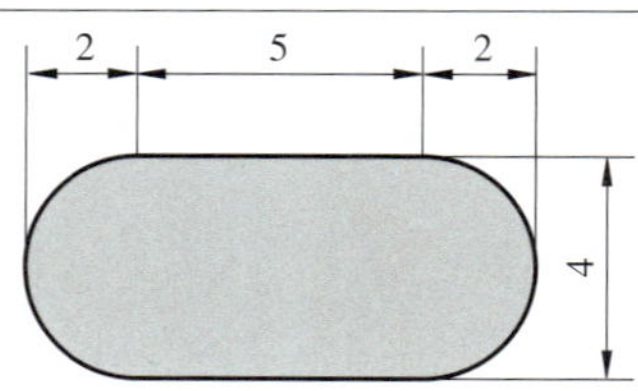

______ m^2

9 Der Fußboden einer Werkstatt (Angaben in m) muss erneuert werden.
Pro m^2 werden 75 € veranschlagt.
Berechne die Kosten.

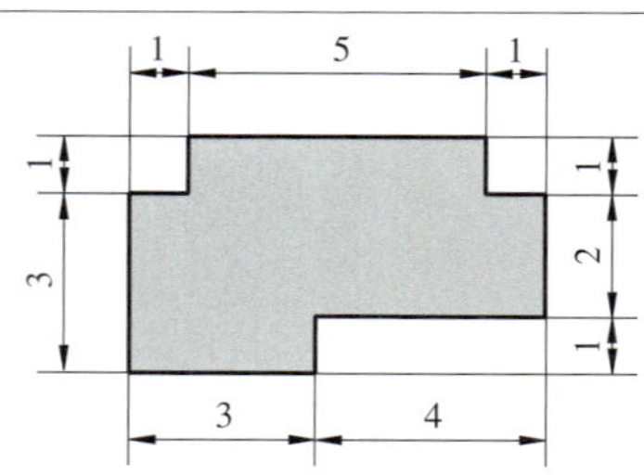

______ €

Die Lösungen findest du auf der Seite 160.

Oberfläche und Rauminhalt

Zur Kontrolle: Notiere die Lösungen. Wenn du die Lösung einmal nicht findest, gehe weiter zur nächsten Aufgabe. Runde wenn nötig auf Zehntel.

1 Wie viele Würfel der Kantenlänge 2 cm passen in einen Würfel mit der Kantenlänge 10 cm? ____ Stück

2 Berechne die Oberfläche des Quaders mit den Kanten $a = 30$ cm, $b = 60$ cm und $c = 14$ cm. ____ cm²

3 Wie schwer ist der Dreikantstahl?
1 cm³ Stahl wiegt 7,9 g.
(Angaben in cm)

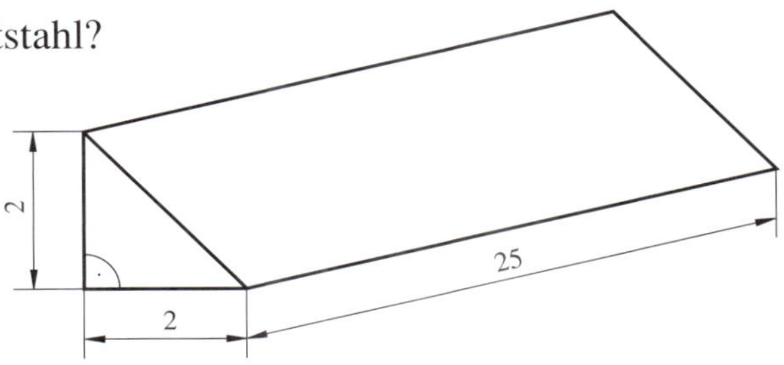

____ g

4 Eine Regentonne hat einen Innendurchmesser von 80 cm und eine Höhe von 1,20 m. Wie viel Liter fasst die Tonne? ____ l

5 Eine Pyramide hat eine quadratische Grundfläche mit der Seitenlänge 12 cm und der Höhe 15 cm. Berechne das Volumen. ____ cm³

6 Eine kegelförmige Schultüte hat einen oberen Durchmesser von 20 cm und eine Höhe von 60 cm. Berechne das Volumen. ____ cm³

7 Ein Hockeyball hat einen Durchmesser von 7,3 cm. 1 cm³ des Materials wiegt 0,78 g. Wie schwer ist der Ball? ____ g

8 Berechne das Volumen des Werkstücks (Angaben in cm).

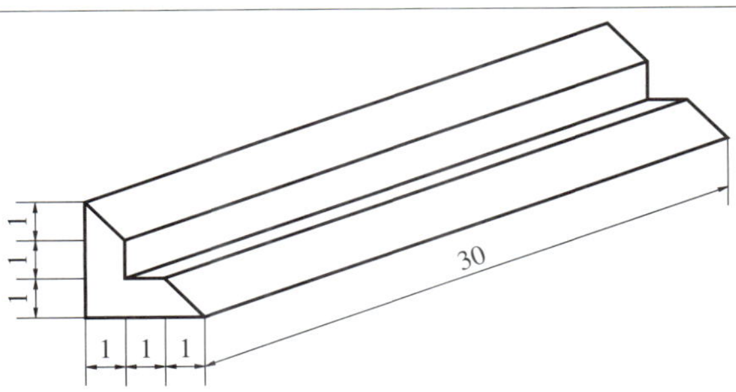

____ cm³

9 Ein Betonrohr hat den Außendurchmesser $d = 80$ cm und eine Wandstärke von 4 cm. 1 dm³ Beton wiegt 2,2 kg. Wie schwer ist ein 120 cm langes Rohrstück? ____ kg

Die Lösungen findest du auf der Seite 160.

Würfel (W)

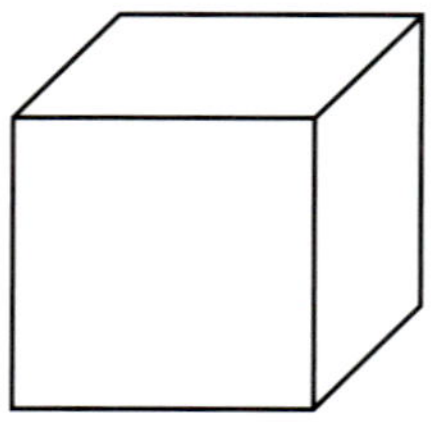

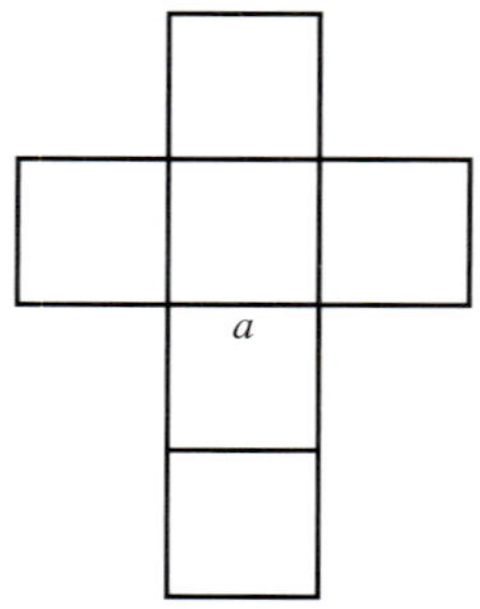

Quader (Q)

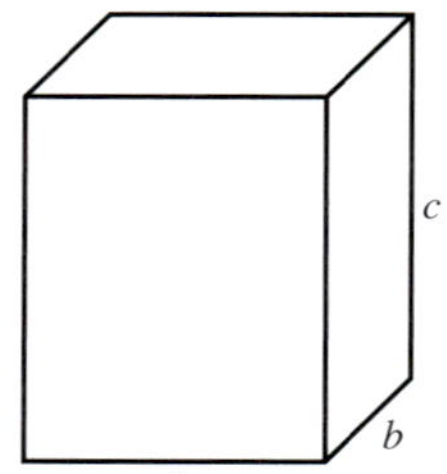

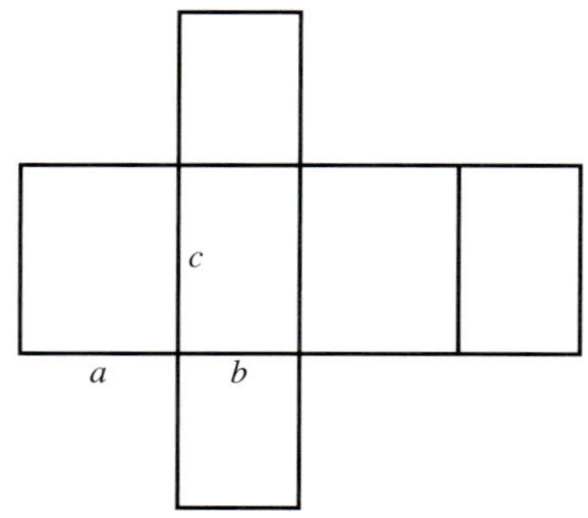

Volumen	**Oberfläche**	**Volumen**	**Oberfläche**
$V_W = a \cdot a \cdot a = a^3$	$O_W = 6 \cdot a \cdot a = 6a^2$	$V_Q = a \cdot b \cdot c$	$O_Q = 2 \cdot (a \cdot b + a \cdot c + b \cdot c)$
Beispiel: $a = 5$ cm		Beispiel: $a = 4$ cm, $b = 3$ cm, $c = 5$ cm	
$V_W = 5^3\ \text{cm}^3$	$O_W = 6 \cdot 5^2\ \text{cm}^2$	$V_Q = 4 \cdot 3 \cdot 5\ \text{cm}^3$	$O_Q = 2 \cdot (4 \cdot 3 + 4 \cdot 5 + 3 \cdot 5)$ cm
$V_W = 125\ \text{cm}^3$	$O_W = 150\ \text{cm}^2$	$V_Q = 60\ \text{cm}^3$	$O_Q = 94\ \text{cm}^2$

Zur Kontrolle: Unten auf der Seite findest du alle Lösungszahlen.
Wenn du eine Lösung gefunden hast, streiche die Zahl durch. ☐

1 Berechne das Volumen des Würfels mit der Kantenlänge:
a) $a = 6$ cm b) $a = 5$ cm
c) $a = 0{,}3$ m d) $a = 1{,}5$ m

2 Berechne die Oberfläche des Würfels mit der Kantenlänge:
a) $a = 2$ cm b) $a = 4$ cm
c) $a = 1$ m d) $a = 6$ dm

3 Berechne die Kantenlänge des Würfels.
a) $V = 8\ \text{cm}^3$ b) $V = 125\ \text{dm}^3$

4 Aus 8 Würfeln mit der Kantenlänge 5 cm wird ein neuer Würfel zusammengesetzt. Welche Kantenlänge hat der neue Würfel?

5 1 cm^3 Kork wiegt 0,25 g. Wie viel kg wiegt ein Würfel aus Kork mit der Kantenlänge 1 m?

6 In einen Würfel mit der Kantenlänge $a = 10$ cm werden 0,7 Liter Wasser gefüllt. Wie hoch steht das Wasser?

7 Berechne das Volumen des Quaders.
a) $a = 5$ cm $b = 4$ cm $c = 9$ cm
b) $a = 3$ dm $b = 8$ dm $c = 15$ dm
c) $a = 0{,}5$ m $b = 0{,}2$ m $c = 4$ m

8 Berechne die Oberfläche des Quaders.
a) $a = 2$ dm $b = 4$ dm $c = 8$ dm
b) $a = 0{,}2$ m $b = 0{,}1$ m $c = 4{,}5$ m

9 Ein Quader hat die Grundfläche $G = 120\ \text{cm}^2$ und die Höhe $h = 30$ cm. Berechne das Volumen.

10 In einem quaderförmigen Aquarium mit der Grundfläche $G = 3\,000\ \text{cm}^2$ steht das Wasser 60 cm hoch. Wie viel Liter enthält das Aquarium?

11 Wie viele Würfel mit der Kantenlänge 5 cm passen in einen Quader mit den Kantenlängen $a = 60$ cm, $b = 40$ cm und $c = 20$ cm?

12 Ein Holzbalken ist 4 m lang. Er hat einen Querschnitt von 150 cm^2. 1 cm^3 des Holzes wiegt 0,9 Gramm. Wie viel kg wiegt der Balken?

0,027	0,4	2	2,74	3,375	5	6	7	10	24	54
96	112	125	180	180	216	216	250	360	384	3 600

Prisma und Zylinder

Prisma (P)

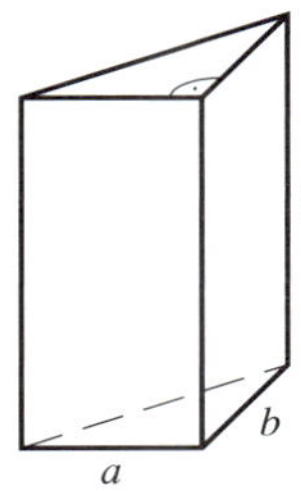

Zylinder (Z)

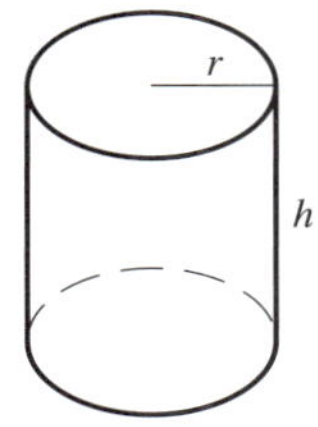

Volumen

$V = G \cdot h$

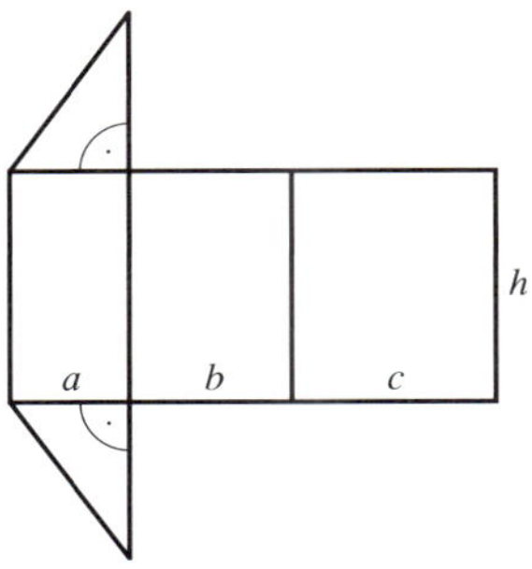

Oberfläche

$O = 2 \cdot G + M$

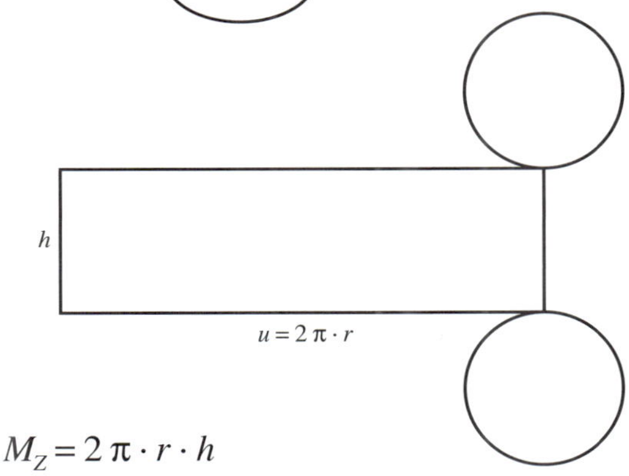

Mantel: $M_P = (a + b + c) \cdot h$

Beispiel: $a = 3$ m $\quad b = 4$ m
$c = 5$ m $\quad h = 6$ m

$G_P = \frac{a \cdot b}{2} = \frac{3\,\text{m} \cdot 4\,\text{m}}{2} = 6\,\text{m}^2$

$V_P = G \cdot h = 6\,\text{m}^2 \cdot 6\,\text{m} = 36\,\text{m}^3$

$M_P = (3\,\text{m} + 4\,\text{m} + 5\,\text{m}) \cdot 6\,\text{m} = 72\,\text{m}^2$

$O_P = 2 \cdot G + M = 2 \cdot 6\,\text{m}^2 + 72\,\text{m}^2 = 84\,\text{m}^2$

Mantel: $M_Z = 2\pi \cdot r \cdot h$

Beispiel: $r = 3$ m $\quad h = 6$ m

$G_Z = \pi \cdot r^2 = 3{,}14 \cdot 9\,\text{m}^2 = 28{,}26\,\text{m}^2$

$V_Z = G \cdot h = 28{,}26\,\text{m}^2 \cdot 6\,\text{m} = 169{,}56\,\text{m}^3$

$M_Z = 2 \cdot 3{,}14 \cdot 3\,\text{m} \cdot 6\,\text{m} = 113{,}04\,\text{m}^2$

$O_Z = 2 \cdot G + M = 2 \cdot 28{,}26\,\text{m}^2 + 113{,}04\,\text{m}^2 = 169{,}56\,\text{m}^2$

Zur Kontrolle: Unten auf der Seite findest du alle Lösungszahlen.
Wenn du eine Lösung gefunden hast, streiche die Zahl durch.

1 Ein Prisma ($h = 20$ cm) hat als Grundfläche ein rechtwinkiges Dreieck mit den Katheten $a = 5$ cm und $b = 12$ cm. Die Seite c ist 13 cm lang.
Berechne a) das Volumen V,
b) die Mantelfläche M,
c) die Oberfläche O.

2 Berechne das Volumen des Dachraumes (Angaben in m).

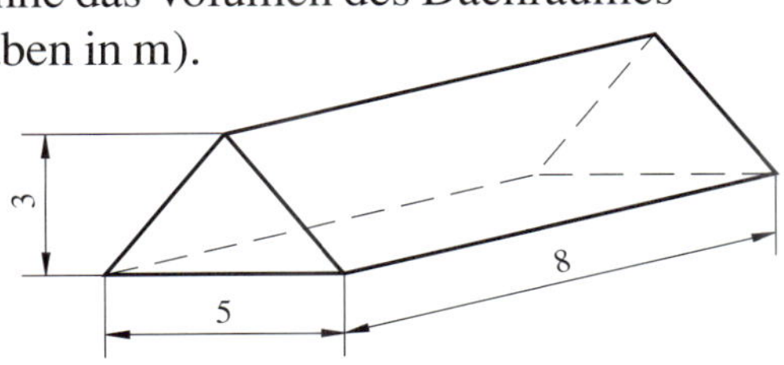

3 Ein Zylinder hat den Radius $r = 50$ cm und die Höhe $h = 80$ cm.
Berechne a) die Grundfläche G,
b) das Volumen V,
c) die Mantelfläche M,
d) die Oberfläche O.

4 Ein Kupferdraht ist 4 mm dick und 5 m lang.
Berechne a) das Volumen V in cm^3,
b) die Mantelfläche M in cm^2.

5 In einer Regentonne mit dem Durchmesser $d = 70$ cm steht das Wasser 40 cm hoch.
Wie viel Liter Wasser sind das?

60 | 62,8 | 153,86 | 600 | 600 | 628 | 660 | 7 850 | 25 120 | 40 820 | 628 000

Volumen

$V = \frac{1}{3} \cdot G \cdot h$

Pyramide (P)

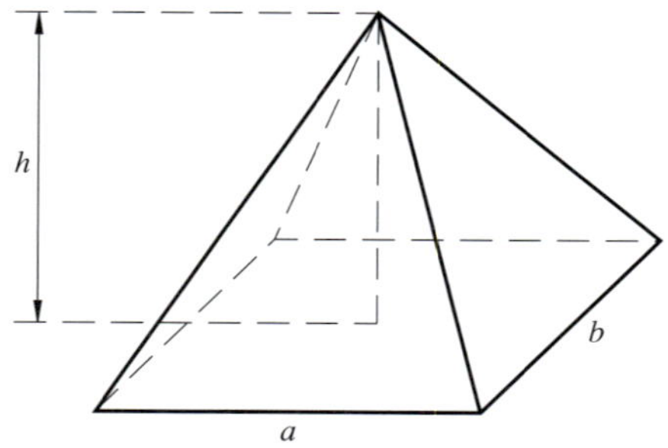

Beispiel: $a = 6$ m $\quad b = 8$ m $\quad h = 5$ cm

Grundfläche G

$G = a \cdot b = 6 \text{ cm} \cdot 8 \text{ cm} = 48 \text{ cm}^2$

Höhe: $h = 5$ cm

$V = \frac{1}{3} \cdot G \cdot h = \frac{1}{3} \cdot 48 \text{ cm}^2 \cdot 5 \text{ cm}$

$V = 80 \text{ cm}^3$

Kegel (K)

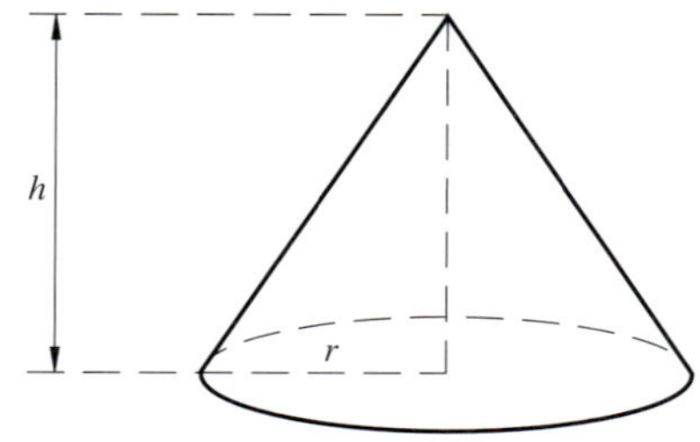

Beispiel: $r = 8$ m $\quad h = 12$ m

Grundfläche G

$G = \pi \cdot r^2 = 3{,}14 \cdot 64 \text{ cm}^2 = 200{,}96 \text{ cm}^2$

Höhe: $h = 12$ cm

$V = \frac{1}{3} \cdot G \cdot h = \frac{1}{3} \cdot 200{,}96 \text{ cm}^2 \cdot 12 \text{ cm}$

$V = 803{,}84 \text{ cm}^3$

Runde die Ergebnisse wenn nötig auf Hundertstel.

Zur Kontrolle: Unten auf der Seite findest du alle Lösungszahlen.
Wenn du eine Lösung gefunden hast, streiche die Zahl durch.

1 Die Grundfläche einer Pyramide ist ein Quadrat mit der Seitenlänge a. Berechne das Volumen.

a) $a = 3$ dm $\quad h = 5$ dm
b) $a = 40$ cm $\quad h = 60$ cm
c) $a = 2$ m $\quad h = 0{,}6$ m

2 Die Grundfläche einer Pyramide ist ein Rechteck mit den Seiten a und b. Berechne das Volumen.

a) $a = 20$ cm $\quad b = 30$ cm $\quad h = 25$ cm
b) $a = 4$ dm $\quad b = 6$ dm $\quad h = 10$ dm
c) $a = 2$ m $\quad b = 3$ m $\quad h = 7$ m

3 Von einem Würfel mit der Kantenlänge $a = 6$ cm wird eine Ecke abgeschnitten. Berechne das Volumen des abgeschnittenen Teils.

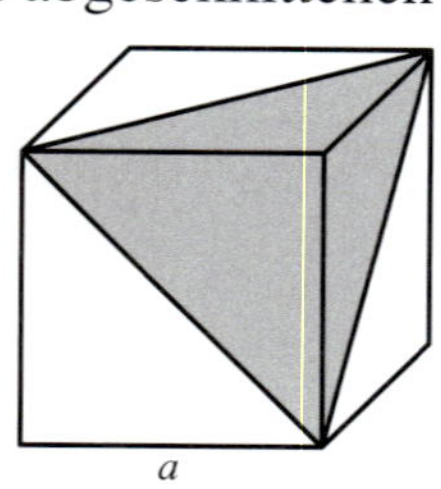

4 Ein Kegel hat den Radius $r = 2$ m und die Höhe $h = 6$ m.
Berechne: a) die Grundfläche,
b) das Volumen.

5 Berechne den Rauminhalt des Kegels.

a) $r = 12$ cm $\quad h = 25$ cm
b) $r = 3$ dm $\quad h = 8$ dm
c) $r = 4$ m $\quad h = 12$ m

6 Ein kegelförmiges Glas wird verschieden hoch gefüllt. Berechne jeweils das Volumen.

a) $h = 6$ cm $\quad r = 3$ cm
b) $h = 4$ cm $\quad r = 2$ cm
c) $h = 2$ cm $\quad r = 1$ cm

7 Berechne das Volumen des Kegels mit $r = 10$ cm und $h = 30$ cm. Wie groß ist das Volumen eines zweiten Kegels

a) mit $r = 10$ cm und $h = 15$ cm,
b) mit $r = 5$ cm und $h = 30$ cm,
c) mit $r = 5$ cm und $h = 15$ cm.

0,8	2,09	12,56	14	15	16,75	25,12	36	56,52
75,36	80	200,96	392,5	785	1570	3768	5000	32000

Kugel

Kugel

r ist gegeben		*d* ist gegeben	
Volumen (*V*)	**Oberfläche (*O*)**	**Volumen (*V*)**	**Oberfläche (*O*)**
$V = \frac{4}{3}\pi \cdot r^3$	$O = 4\pi \cdot r^2$	$V = \frac{4}{3}\pi \cdot (\frac{d}{2})^3 = \frac{1}{6}\pi \cdot d^3$	$O = 4\pi \cdot (\frac{d}{2})^2 = \pi \cdot d^2$
Beispiel: $r = 6$ cm		Beispiel: $d = 12$ cm	
$V = \frac{4}{3} \cdot 3{,}14 \cdot 6^3\ \text{cm}^3$	$O = 4 \cdot 3{,}14 \cdot 6^2\ \text{cm}^2$	$V = \frac{1}{6} \cdot 3{,}14 \cdot 12^3\ \text{cm}^3$	$O = 3{,}14 \cdot 12^2\ \text{cm}^2$
$V = 904{,}32\ \text{cm}^3$	$O = 452{,}16\ \text{cm}^2$	$V = 904{,}32\ \text{cm}^3$	$O = 452{,}16\ \text{cm}^2$

Runde die Ergebnisse wenn nötig auf Hundertstel.

Zur Kontrolle: Unten auf der Seite findest du alle Lösungszahlen.
Wenn du eine Lösung gefunden hast, streiche die Zahl durch.

1 Berechne das Volumen.
a) $r = 3$ m
b) $r = 6$ m
c) $r = 0{,}3$ m
d) $d = 2$ m
e) $d = 20$ m
f) $d = 3$ m

2 1 cm^3 Stahl wiegt 7,8 Gramm.
Wieviel Gramm wiegen
a) 2 400 Kugeln mit $d = 0{,}5$ cm,
b) 600 Kugeln mit $d = 1$ cm,
c) 150 Kugeln mit $d = 2$ cm?

3 Wieviel cm^3 passen
a) in ein kegelförmiges Glas mit $r = 4{,}9$ cm und $h = 4{,}9$ cm,
b) in ein halbkugelförmiges Glas mit $r = 4{,}9$ cm,
c) in ein zylinderförmiges Glas mit $r = 4{,}9$ cm und $h = 4{,}9$ cm?

4 Berechne die Oberfläche.
a) $r = 1$ m
b) $r = 2$ m
c) $r = 3$ m
d) $d = 10$ m
e) $d = 12$ m
f) $d = 14$ m

5 Der Radius einer Halbkugel beträgt 9 cm.
Berechne die Oberfläche.

6 Ein Lederball hat einen Durchmesser von 20 cm.
Wie viel cm^2 Leder werden zur Herstellung benötigt, wenn man für die Nähte 25% hinzurechnen muss?

7 Wie groß ist die Oberfläche
a) von 1000 Kugeln mit $d = 1$ cm,
b) von 500 Kugeln mit $d = 2$ cm?

8

	$r = 1{,}2$ cm	$r = 0{,}5$ cm	$d = 1{,}8$ dm	$d = 1{,}5$ dm
V	cm^3	cm^3	dm^3	dm^3
O	cm^2	cm^2	dm^2	dm^2

0,11	0,52	1,77	3,05	3,14	4,19	7,07	7,23	10,17	12,56
14,13	18,09	50,24	113,04	113,04	123,14	246,28	314	369,42	452,16
508,86	615,44	904,32	1 224,6	1 570	2 449,2	3 140	4 186,67	4 898,4	6 280

Berechne den Rauminhalt des Werkstücks (Angaben in cm).

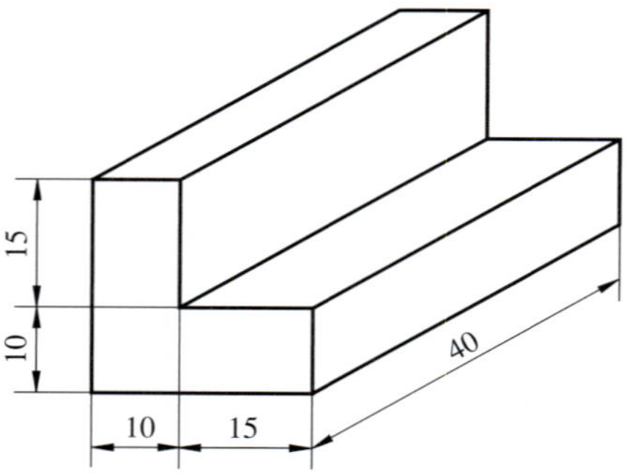

Berechne den Rauminhalt des Zeltes (Angaben in m).

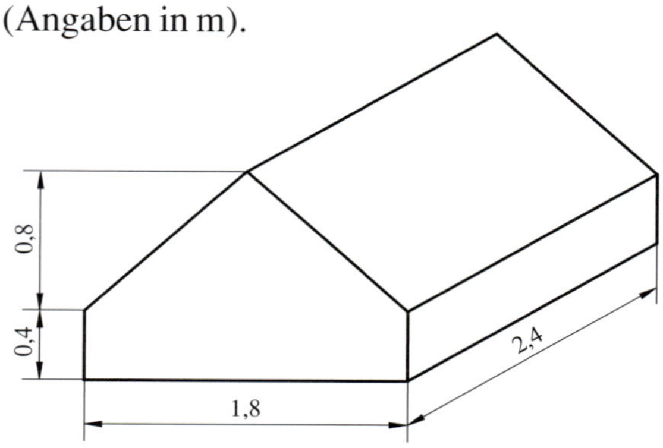

Volumen der Prismen

$V = G \cdot h$

Grundfläche *G*

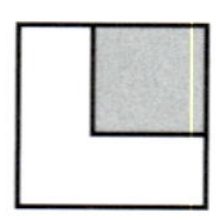

$G = 25\text{ cm} \cdot 25\text{ cm} - 15\text{ cm} \cdot 15\text{ cm} = 400\text{ cm}^2$

Höhe: $h = 40\text{ cm}$

$V = G \cdot h = 400\text{ cm}^2 \cdot 40\text{ cm}$

$V = 16\,000\text{ cm}^3$

Grundfläche *G*

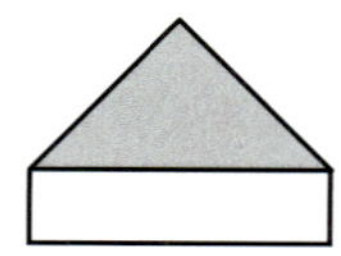

$G = 1{,}8\text{ m} \cdot 0{,}4\text{ m} + \frac{1{,}8\text{ m} \cdot 0{,}8\text{ m}}{2} = 1{,}44\text{ m}^2$

Höhe: $h = 2{,}4\text{ m}$

$V = G \cdot h = 1{,}44\text{ m}^2 \cdot 2{,}4\text{ m}$

$V = 3{,}46\text{ m}^3$ (gerundet)

Berechne jeweils den Rauminhalt der Körper (Angaben in cm).

Zur Kontrolle: Die Lösungen findest du unten auf der Seite.
Wenn du eine Lösung gefunden hast, streiche die Zahl dort durch.

1

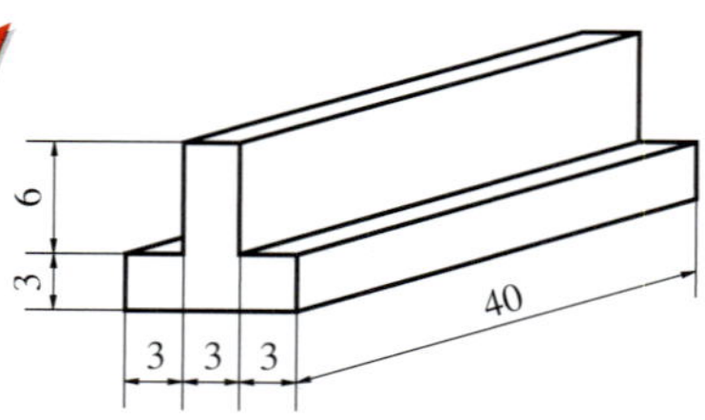

2

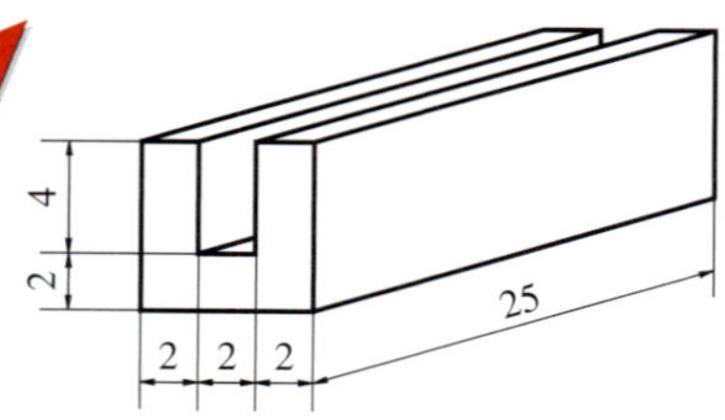

3

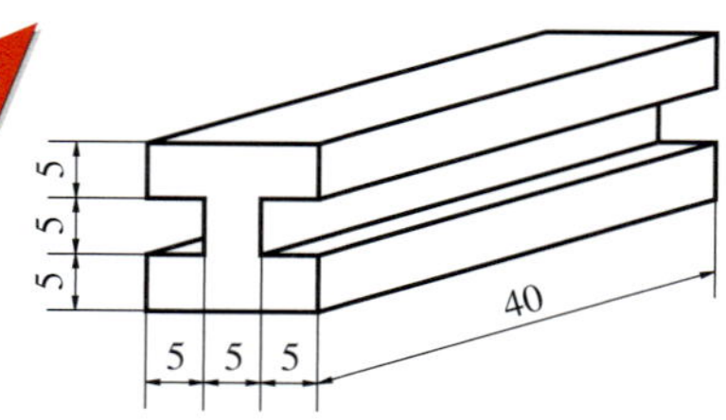

4

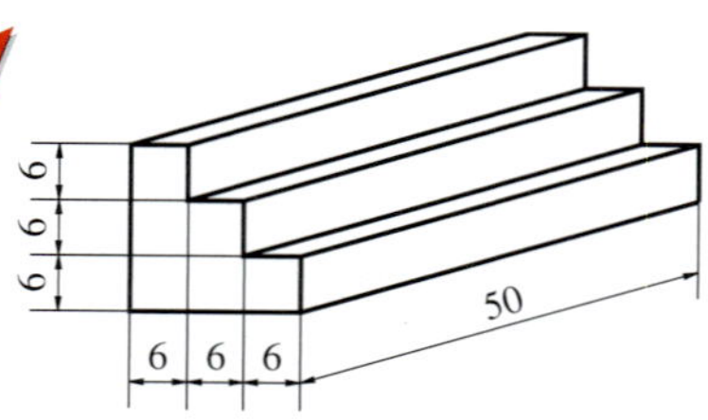

5

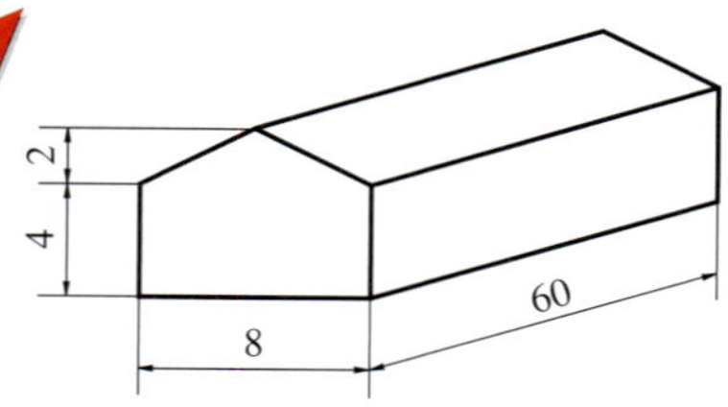

6

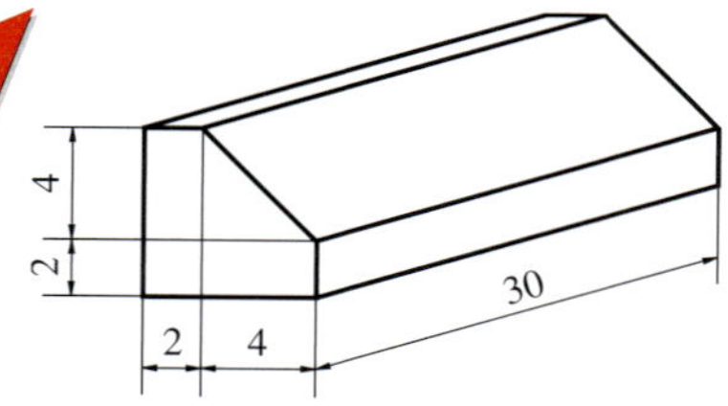

700 cm³	840 cm³	1 800 cm³	2 400 cm³	7 000 cm³	10 800 cm³

Zusammengesetzte Körper

Berechne den Rauminhalt des Werkstücks (Angaben in cm).

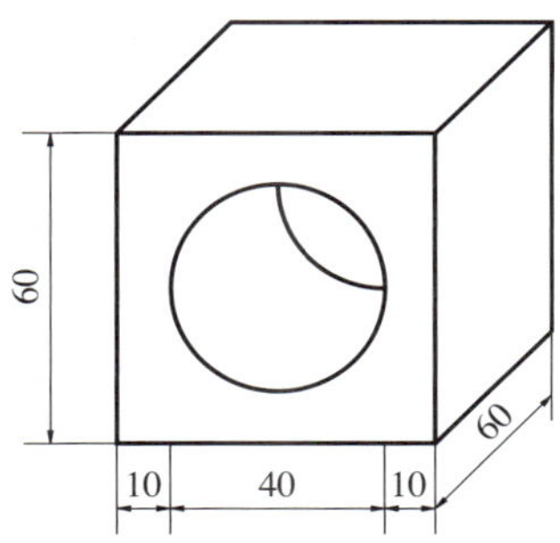

Volumen des Würfels V_W

$V_W = 60^3\ \text{cm}^3 = 216\,000\ \text{cm}^3$

Volumen des Zylinders V_Z

$V_Z = G \cdot h = 3{,}14 \cdot (\frac{40}{2})^2 \cdot 60\ \text{cm}^3$
$= 3{,}14 \cdot \frac{1600}{4} \cdot 60\ \text{cm}^3$
$= 75\,360\ \text{cm}^3$

Volumen des Werkstücks V

$V = V_W - V_Z = 140\,640\ \text{cm}^3$

Berechne den Rauminhalt des Werkstücks (Angaben in mm).

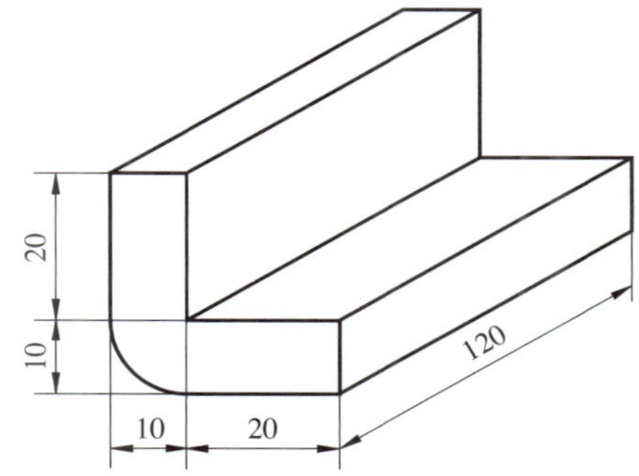

Volumen der beiden Quader

$2 \cdot V_Q = 2 \cdot 20 \cdot 10 \cdot 120\ \text{mm}^3 = 48\,000\ \text{mm}^3$

Volumen des Viertel-Zylinders

$\frac{1}{4} \cdot V_Z = \frac{1}{4} \cdot 3{,}14 \cdot 10^2 \cdot 120\ \text{mm}^3 = 9\,420\ \text{mm}^3$

Volumen des Werkstücks V

$V = 2 \cdot V_Q + \frac{1}{4} \cdot V_Z = 57\,420\ \text{mm}^3$

Berechne jeweils den Rauminhalt der Körper (Angaben in cm).

Zur Kontrolle: Unten auf der Seite findest du alle Lösungen.
Trage unter der Lösung die Aufgabennummer ein. ☐

1

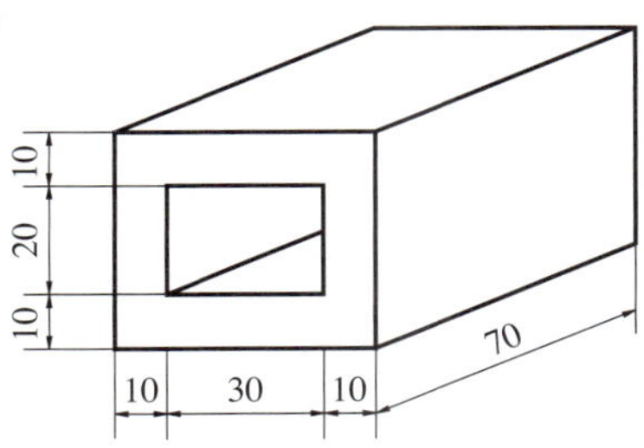

2

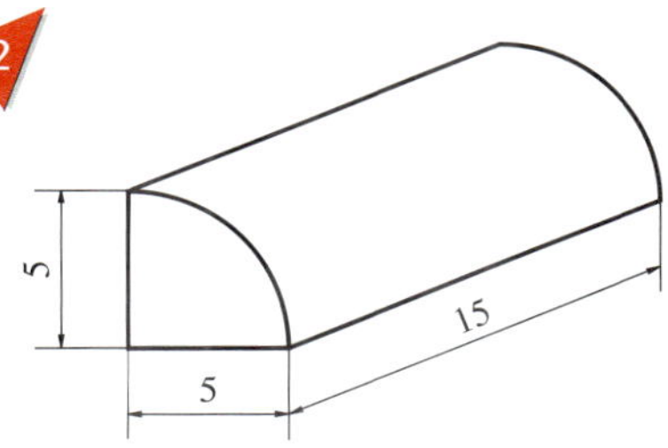

3

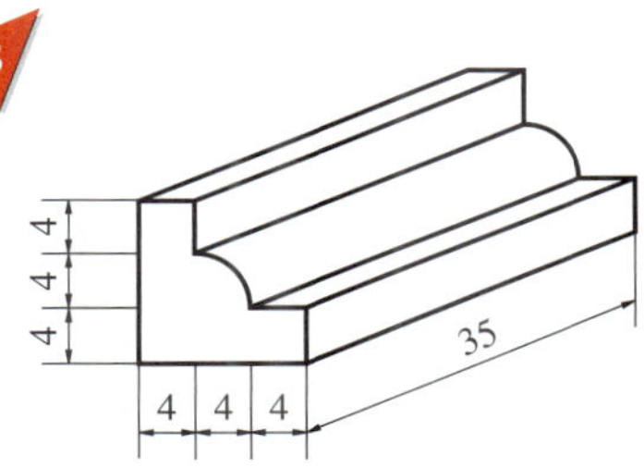

4

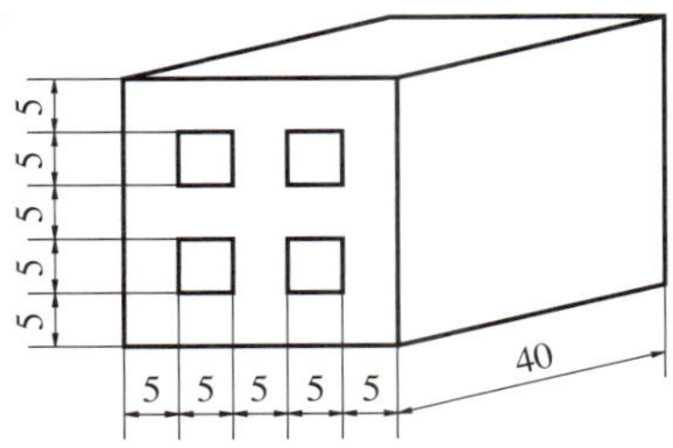

5

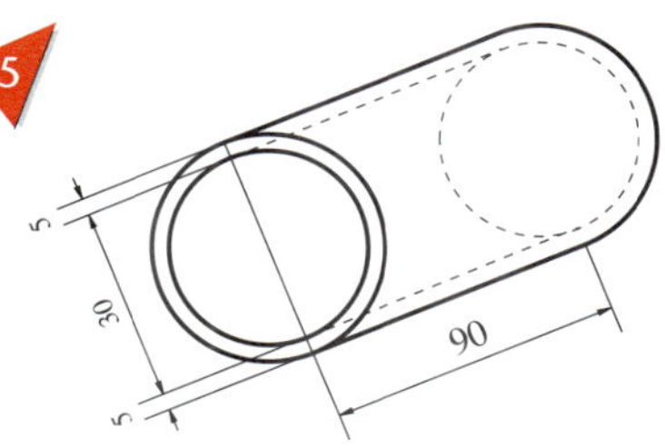

6

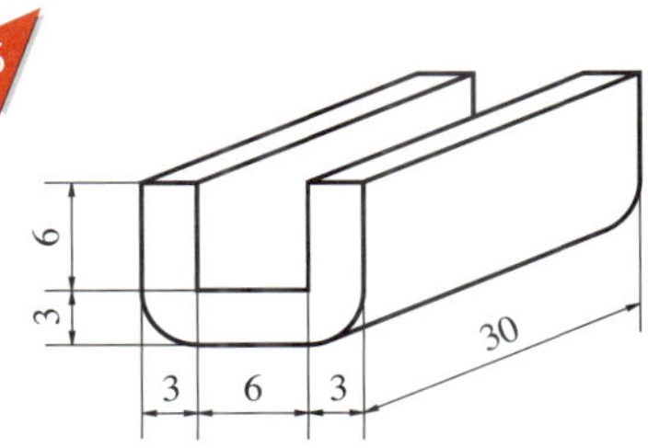

294,375 cm³	2 043,9 cm³	3 239,6 cm³	21 000 cm³	49 455 cm³	98 000 cm³

Oberfläche und Rauminhalt

Zur Kontrolle: Notiere jeweils die Lösungen. Wenn du die Lösung einmal nicht findest, gehe weiter zur nächsten Aufgabe. Runde wenn nötig auf Zehntel.

1 Ein Würfel hat die Kantenlänge 30 cm. Er wird in 27 gleich große Würfel zerlegt.
Berechne die Kantenlänge der kleinen Würfel. ______ cm

2 Ein quaderförmiges Schwimmbecken ist 12 m lang und 5 m breit. Das Becken fasst 84 m^3 Wasser.
Wie tief ist das Becken? ______ m

3 Ein Damm hat einen trapezförmigen Querschnitt (Angaben in m).
Berechne den Rauminhalt.

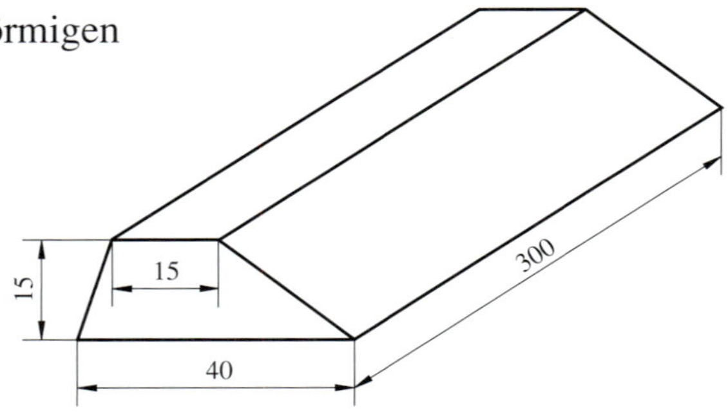

______ m^3

4 Eine Litfaßsäule ist 2,80 m hoch. Sie hat einen Durchmesser von 1,50 m.
Wie groß ist die Plakatierungsfläche (Zylindermantel)? ______ m^2

5 Die Cheopspyramide hatte ursprünglich eine quadratische Grundfläche mit der Seitenlänge $a = 230$ m und die Höhe 147 m.
Berechne das Volumen. ______ m^3

6 Ein kegelförmiges Werkstück aus Messing hat die Maße $d = 8$ cm und $h = 15$ cm. 1 cm^3 Messing wiegt 8,6 g.
Wie schwer ist das Werkstück? ______ g

7 Ein Lederball hat einen Durchmesser von 20 cm. Bei der Herstellung muss man für die Nähte 20 % der Balloberfläche an Leder hinzurechnen.
Wie viel Leder wird benötigt? ______ cm^2

8 Berechne das Volumen des Werkstücks (Angaben in cm).

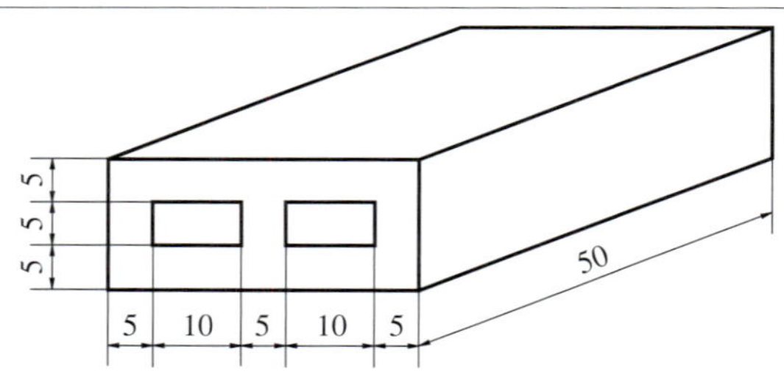

______ cm^3

9 Eine Sternwarte hat die Form eines Zylinders mit einem halbkugelförmigen Dach. Der Zylinder hat den Durchmesser $d = 15$ m und die Höhe $h = 7$ m.
Berechne den Rauminhalt. ______ m^3

Die Lösungen findest du auf der Seite 160.

Quadratzahlen

$15^2 =$ ___ $1{,}5^2 =$ ___ $0{,}15^2 =$ ___

$15 \cdot 15 = 225$ $1{,}5 \cdot 1{,}5 = 2{,}25$ $0{,}15 \cdot 0{,}15 = 0{,}0225$

Zur Kontrolle: Die Lösungen findest du unten auf der Seite. Vergleiche.

1
a) $16^2 =$ ___
b) $25^2 =$ ___
c) $11^2 =$ ___
d) $160^2 =$ ___
e) $240^2 =$ ___
f) $120^2 =$ ___
g) $101^2 =$ ___

2
a) $2{,}4^2 =$ ___
b) $1{,}1^2 =$ ___
c) $1{,}6^2 =$ ___
d) $0{,}3^2 =$ ___
e) $0{,}1^2 =$ ___
f) $0{,}7^2 =$ ___
g) $3{,}5^2 =$ ___

3
a) $1{,}12^2 =$ ___
b) $2{,}01^2 =$ ___
c) $2{,}10^2 =$ ___
d) $3{,}10^2 =$ ___
e) $3{,}01^2 =$ ___
f) $2{,}85^2 =$ ___
g) $0{,}25^2 =$ ___

4
a) $\_\_\_^2 = 81$
b) $\_\_\_^2 = 144$
c) $\_\_\_^2 = 225$
d) $\_\_\_^2 = 400$
e) $\_\_\_^2 = 169$
f) $\_\_\_^2 = 196$
g) $\_\_\_^2 = 361$

5
a) $\_\_\_^2 = 0{,}64$
b) $\_\_\_^2 = 2{,}89$
c) $\_\_\_^2 = 0{,}04$
d) $\_\_\_^2 = 6{,}25$
e) $\_\_\_^2 = 0{,}01$
f) $\_\_\_^2 = 1{,}21$
g) $\_\_\_^2 = 7{,}84$

6
a) $\_\_\_^2 = 900$
b) $\_\_\_^2 = 0{,}09$
c) $\_\_\_^2 = 90\,000$
d) $\_\_\_^2 = 0{,}0009$
e) $\_\_\_^2 = 0{,}0625$
f) $\_\_\_^2 = 0{,}25$
g) $\_\_\_^2 = 6\,400$

0,01	0,03	0,0625	0,09	0,1	0,2	0,25
0,3	0,49	0,5	0,8	1,1	1,21	1,2544
1,7	2,5	2,56	2,8	4,0401	4,41	5,76
8,1225	9	9,0601	9,61	12	12,25	13
14	15	19	20	30	80	121
256	300	625	10 201	14 400	25 600	57 600

$\sqrt{33} =$ ___ oder ___ · ___ $= 33$

Grenze die Lösungen ein.

$\sqrt{25} < \sqrt{\mathbf{33}} < \sqrt{36}$

$5 <$ ___ < 6

Bestimme einen Näherungswert durch Probieren.

$5{,}6 \cdot 5{,}6 = 31{,}36$	< 33
$5{,}7 \cdot 5{,}7 = 32{,}49$	< 33
$5{,}8 \cdot 5{,}8 = 33{,}64$	> 33
$5{,}74 \cdot 5{,}74 = 32{,}9467$	≈ 33

Lösung (Näherungswert)

$\sqrt{33} \approx 5{,}74$

Bestimme die Lösungen so genau wie möglich. Links und rechts auf dieser Seite findest du Lösungshilfen.

Lösungshilfe	Nr.	Aufgabe	Nr.	Aufgabe	Lösungshilfe
$\sqrt{1} = 1$	1	$\sqrt{13} \approx$ ___	11	$\sqrt{147} \approx$ ___	$\sqrt{121} = 11$
$\sqrt{4} = 2$	2	$\sqrt{41} \approx$ ___	12	$\sqrt{154} \approx$ ___	$\sqrt{144} = 12$
$\sqrt{9} = 3$	3	$\sqrt{52} \approx$ ___	13	$\sqrt{197} \approx$ ___	$\sqrt{169} = 13$
$\sqrt{16} = 4$	4	$\sqrt{69} \approx$ ___	14	$\sqrt{224} \approx$ ___	$\sqrt{196} = 14$
$\sqrt{25} = 5$	5	$\sqrt{74} \approx$ ___	15	$\sqrt{225} \approx$ ___	$\sqrt{225} = 15$
$\sqrt{36} = 6$	6	$\sqrt{99} \approx$ ___	16	$\sqrt{226} \approx$ ___	$\sqrt{256} = 16$
$\sqrt{49} = 7$	7	$\sqrt{109} \approx$ ___	17	$\sqrt{290} \approx$ ___	$\sqrt{289} = 17$
$\sqrt{64} = 8$	8	$\sqrt{119} \approx$ ___	18	$\sqrt{310} \approx$ ___	$\sqrt{324} = 18$
$\sqrt{81} = 9$	9	$\sqrt{122} \approx$ ___	19	$\sqrt{317} \approx$ ___	$\sqrt{361} = 19$
$\sqrt{100} = 10$	10	$\sqrt{135} \approx$ ___	20	$\sqrt{350} \approx$ ___	$\sqrt{400} = 20$

Satz des Pythagoras

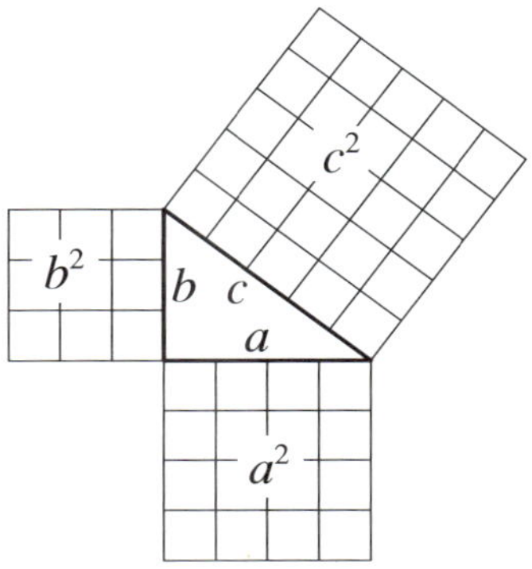

16 Kästchen + 9 Kästchen = 25 Kästchen

$a = 3$ cm $b = 4$ cm $c = x$ cm

$\boldsymbol{a^2 + b^2 = x^2}$

$9 + 16 = 25$

$x = \sqrt{25} = 5$

$c = 5$ cm

Rechtwinkliges Dreieck

Kathete *a* und Kathete *b* sind die beiden kürzeren Seiten im rechtwinkligen Dreieck. Sie bilden den rechten Winkel.

Hypotenuse *c* ist die längste Seite im rechtwinkligen Dreieck.

Im rechtwinkligen Dreieck gilt: $\boldsymbol{a^2 + b^2 = c^2}$.

Die Summe der Flächeninhalte der Quadrate über den beiden Katheten ist genau so groß wie der Flächeninhalt des Hypotenusenquadrates.

$a = x$ cm $b = 12$ cm $c = 15$ cm

$\boldsymbol{x^2 + b^2 = c^2}$

$x^2 + 144 = 225$

$x^2 = 225 - 144 = 81$

$x = \sqrt{81} = 9$

$a = 9$ cm

Zur Kontrolle: Die Lösungen findest du unten auf der Seite. Vergleiche.

1

Kathete a	6 cm	12 cm	24 cm	9 cm
Kathete b	8 cm	5 cm	18 cm	40 cm
a^2	cm²	cm²	cm²	cm²
b^2	cm²	cm²	cm²	cm²
$c^2 = a^2 + b^2$	cm²	cm	cm²	cm²
Hypotenuse c	cm	cm	cm	cm

2

Kathete a	cm	21 cm	cm	11 cm
Kathete b	48 cm	cm	28 cm	cm
a^2	cm²	cm²	cm²	cm²
b^2	cm²	cm²	cm²	cm²
$c^2 = a^2 + b^2$	cm²	cm	cm²	cm²
Hypotenuse c	50 cm	29 cm	53 cm	61 cm

10	13	14	20	25	30	36	41
45	60	64	81	100	121	144	169
196	324	400	441	576	784	841	900
1 600	1 681	2 025	2 304	2 500	2 809	3 600	3 721

Testlösungen

Ganze Zahlen

Seite	1	2	3	4	5	6	7	8	9	10	11	12	13	14	15	16
3	B	C	B	A	D	A	B	C	B	B	A	A	D	D	A	D
20	B	B	A	A	C	A	D	B	B	C	D	D	B	D	A	C

Brüche

Seite	1	2	3	4	5	6	7	8	9	10	11	12	13	14	15	16
21	B	C	C	B	D	A	B	B	A	C	D	C	B	C	A	A
30	B	D	B	B	A	D	C	B	D	C	C	C	B	C	B	C

Dezimalbrüche

Seite	1	2	3	4	5	6	7	8	9	10	11	12	13	14	15	16
31	B	C	B	C	C	B	C	B	C	C	B	C	C	B	A	B
50	C	B	C	B	C	B	B	D	C	B	C	C	B	B	D	C

Zuordnungen

Seite	1	2	3	4	5	6	7	8	9	10
51	16	14	21	2,4	10,5	3,5	52,5	27	16	10
76	10	7,50	7,2	2,1	13,5	6,25	67,5	31,5	14	5

Prozent- und Zinsrechnung

Seite	1	2	3	4	5	6	7	8	9	10	11
77	60	4,20	28	320	1 271	3,5	450	750	93,50	9,5	90
110	80	3,60	30	360	1 148	2,5	360	850	85,80	7,4	45

Größen

Seite	1	2	3	4	5	6	7	8	9	10	11	12	13	14	15
111	8,5	800	75	0,5	2 000	0,04	3,5	500	0,74	2 050	0,18	165	1:15	6:42	2:35
122	600	1,6	45	0,4	0,07	3 500	280	7,5	0,23	0,28	2 080	155	1:48	6:34	4:35

Gleichungen

Seite	1	2	3	4	5	6	7	8	9	10	11	12	13
123	17	10	15	4	6	18	2	23	0,7	1,6	34	2	7
138	21	17	5	7	9	80	4	19	0,85	2,4	33	0,5	6

Umfang und Flächeninhalt

Seite	1	2	3	4	5	6	7	8	9
139	400	20	20	6	50	10	500	2 000	1 172
148	160	40	48	36	10	0,5	2 826	32,56	1 650

Oberfläche und Rauminhalt

Seite	1	2	3	4	5	6	7	8	9
149	125	6 120	395	602,9	720	6 280	158,8	120	252
156	10	1,4	123 750	13,2	2 592 100	2 160,3	1 507,2	21 250	2 119,5